第一次全国自然灾害综合风险普查

# 贵州省遵义市气象灾害风险评估与区划报告

严小冬　李　霄　帅士章　主编

## 内 容 简 介

为全面掌握自然灾害风险隐患情况，提升全社会抵御自然灾害的综合防范能力，遵义市作为贵州省试点市参与了国务院下发的"第一次全国自然灾害综合风险普查"工作。本报告首次较为全面地展示了遵义市及所辖县（市、区）1978—2020年暴雨、干旱、高温、低温、大风、冰雹、雷电和雪灾8种气象灾害的风险普查成果。普查工作通过对遵义市8种气象灾害的致灾因子特征分析，应用致灾危险性评估和灾害风险评估技术方法，结合遵义市生产总值（GDP）、人口、小麦、玉米、水稻的承灾体数据，得到遵义市8个单灾种气象灾害以及8个灾种综合气象灾害的致灾危险性等级划分区划成果及灾害风险等级划分评估成果；并针对不同灾种提出了不同的防灾减灾建议，为各级地方政府及各部门有效开展气象灾害防治工作和应急管理工作提供科学决策依据。

**图书在版编目（CIP）数据**

贵州省遵义市气象灾害风险评估与区划报告 ／ 严小冬，李霄，帅士章主编． －－ 北京：气象出版社，2023.8
ISBN 978-7-5029-8029-0

Ⅰ．①贵… Ⅱ．①严… ②李… ③帅… Ⅲ．①气象灾害－风险评价－遵义 Ⅳ．①P429

中国国家版本馆CIP数据核字(2023)第164567号

**贵州省遵义市气象灾害风险评估与区划报告**
Guizhou Sheng Zunyi Shi Qixiang Zaihai Fengxian Pinggu yu Quhua Baogao

| | | | |
|---|---|---|---|
| 出版发行：气象出版社 | | | |
| 地　　址：北京市海淀区中关村南大街46号 | | 邮政编码：100081 | |
| 电　　话：010-68407112（总编室）　010-68408042（发行部） | | | |
| 网　　址：http://www.qxcbs.com | | E-mail：qxcbs@cma.gov.cn | |
| 责任编辑：陈　红 | | 终　审：吴晓鹏 | |
| 责任校对：张硕杰 | | 责任技编：赵相宁 | |
| 封面设计：地大彩印设计中心 | | | |
| 印　　刷：北京建宏印刷有限公司 | | | |
| 开　　本：787 mm×1092 mm　1/16 | | 印　张：9.25 | |
| 字　　数：237千字 | | | |
| 版　　次：2023年8月第1版 | | 印　次：2023年8月第1次印刷 | |
| 定　　价：90.00元 | | | |

本书如存在文字不清、漏印以及缺页、倒页、脱页等，请与本社发行部联系调换。

# 《贵州省遵义市气象灾害风险评估与区划报告》编委会

主　编：严小冬　李　霄　帅士章

副主编：古书鸿　龙　俐　周　涛　李明元

编　委：（以姓氏拼音字母为序）

|  |  |  |  |  |
|---|---|---|---|---|
| 安俊华 | 陈　娟 | 陈怡璇 | 陈早阳 | 丁　旻 |
| 郭　茜 | 胡兴炜 | 黄晨然 | 黄　钰 | 蒋汉开 |
| 兰方信 | 李　迪 | 李　皓 | 李进讷 | 李丽丽 |
| 李　浪 | 李　玨 | 李智玉 | 廖婷婷 | 刘　清 |
| 罗　雄 | 马勋丹 | 莫仕灯 | 彭宇翔 | 孙思思 |
| 谭　健 | 谭娅姮 | 汤　宁 | 汤天然 | 童碧庆 |
| 万　超 | 万雪丽 | 王　彪 | 汪　华 | 吴安坤 |
| 向淑君 | 许　丹 | 姚　熠 | 于　飞 | 曾　勇 |
| 张　波 | 张　弛 | 张东海 | 张娇艳 | 张　潇 |
| 张小娟 | 张远洪 | 张云秋 | 支亚京 |  |

# 序

  自然灾害风险是指在特定的时间和特定的区域内,由可能发生的特定自然现象所造成预期损失的程度。灾害作为重要的可能损害之源,历来是各类风险分析和风险管理研究的重要对象,引起了国内外防灾减灾领域工作者的普遍关注。全面认识和评价自然灾害给人类社会造成的风险,既是防灾减灾工作的基础环节,也是人类经济社会可持续发展的重要保障。党的十八大以来,以习近平同志为核心的党中央将防灾减灾救灾摆在更加突出的位置。2018年,习近平总书记组织召开中央财经委员会第三次会议,研究提高自然灾害防治能力问题,强调加强自然灾害防治关系国计民生,要建立高效科学的自然灾害防治体系,提高全社会自然灾害防治能力,为保护人民群众生命财产安全和国家安全提供有力保障。针对关键领域和薄弱环节,明确提出要实施灾害风险调查和重点隐患排查工程,掌握风险隐患底数,将其作为自然灾害防治九项工程之首。在国务院部署下,2020年7月"第一次全国自然灾害综合风险普查"工作正式启动。

  20世纪以来,自然灾害已经成为人类经济社会可持续发展面临的重大挑战;气象灾害是自然灾害的一种,中国也是世界上受气象灾害影响最严重的国家之一,气象灾害的种类多、影响范围广、发生的频率高,所造成的损失占到了自然灾害损失的70%以上;特别是在全球气候变暖的背景下,气象灾害所造成的损失更大,其影响更广,已经成为防灾减灾工作的重点。气象部门为全面掌握我国气象灾害风险隐患情况,全面认识和评价气象灾害造成的风险,提升全社会抵御气象灾害的综合防范能力,开展气象灾害综合风险普查工作意义重大。一方面,可以帮助我们更好地摸清各类灾害性天气可能致灾的风险点、风险区域和致灾的阈值,在这个基础上,推动气象灾害风险预警业务的发展,从而推动灾害性天气预报向气象灾害风险预警的转变,可以大大提高预警信息的针对性,有助于更好发挥气象防灾减灾第一道防线作用,为综合防灾减灾救灾提供更有力的支撑;另一方面,通过普查形成的气象灾害风险区划,可以指导全社会科学设定各个区域基础设施的气象灾害防御标准,更有利于推进韧性城市、韧性乡村的建设,从根本上提高抵御各类气象灾害的能力。

  2021年,遵义市作为全国"一省两市"评估与区划试点参与了国务院下发的"第一次全国自然灾害综合风险普查"工作。遵义市位于中国西南部、贵州省北部,是贵州省第二大城市、新兴工业城市和重要农产品生产基地,黔北政治经济文化中心,中国历史文化名城,国家"西电东送"能源基地之一。遵义市属亚热带湿润季风气候,四季分明,雨热同季,冬无严寒,夏无酷暑,气候类型多样,垂直差异明显。一年四季均有不同种类的气象灾害发生,主要包括暴雨、干旱、高温、凝冻、低温、冰雹、大风、雷电、大雾、秋绵雨等。

本报告首次较为全面地展示了遵义市及所辖县（市、区）1978—2020年暴雨、干旱、高温、低温、大风、冰雹、雷电和雪灾8种气象灾害的风险普查成果。普查工作通过对遵义市8种气象灾害的致灾因子特征分析，应用致灾危险性评估和灾害风险评估技术方法，结合遵义市GDP、人口、小麦、玉米、水稻的承灾体数据，得到遵义市8个单灾种气象灾害以及8个灾种综合气象灾害的致灾危险性等级划分区划成果及灾害风险等级划分评估成果；并针对不同灾种提出了不同的防灾减灾建议，为各级地方政府及各部门有效开展气象灾害防治工作和应急管理工作提供科学决策依据。

希望依托"第一次全国自然灾害综合风险普查"这项工作，能进一步提升气象部门应对防灾减灾的能力以及提高整个社会防御灾害的风险意识，同时希望本报告的出版能给从事自然灾害风险评估和区划研究、业务服务和管理工作的人员提供参考。

贵州省气象局党组书记、局长

2023年6月

# 前　言

党的十八大以来,以习近平同志为核心的党中央将防灾减灾救灾摆在更加突出的位置。为全面掌握我国自然灾害风险隐患情况,提升全社会抵御自然灾害的综合防范能力,国务院办公厅印发了《关于开展第一次全国自然灾害综合风险普查的通知》(国办发〔2020〕12号),定于2020—2022年开展第一次全国自然灾害综合风险普查工作。

根据《国务院第一次全国自然灾害综合风险普查领导小组办公室关于进一步做好普查地方试点工作的通知》(国灾险普办发〔2020〕4号)、《省人民政府办公厅关于开展贵州省第一次全国自然灾害综合风险普查的通知》(黔府办函〔2020〕50号)和《贵州省第一次全国自然灾害综合风险普查领导小组办公室关于印发〈"一省两市"试点评估与区划专项工作组方案〉的通知》(黔灾险普办函〔2022〕3号)要求,贵州省气象灾害综合风险普查技术组(以下简称技术组)对普查试点遵义市进行气象灾害风险普查。通过开展气象灾害风险普查,摸清遵义市气象灾害风险隐患底数,查明重点区域抗灾能力,客观认识遵义市气象灾害综合风险,提升气象灾害风险预报预警和管理能力。

本次普查的气象灾害包括暴雨、干旱、高温、低温、大风、冰雹、雷电和雪灾共8种,普查实施范围为遵义市及所辖县(市、区),普查时间为1978—2020年。通过对遵义市8种气象灾害的特征调查和致灾孕灾要素分析,全面获取遵义市主要气象灾害的致灾因子信息,进行气象灾害的致灾因子危险性等级划分,建立气象灾害危险性基础数据库,并对承灾体的暴露度和脆弱性进行评估,完成气象灾害风险评估和等级划分。

在此基础上,技术组编写了《贵州省遵义市气象灾害风险评估与区划报告》,为各级地方政府及各部门有效开展气象灾害防治工作和应急管理工作提供科学决策依据。

编者

2023年5月

# 目 录

序
前言

## 第1章 概况 …………………………………………………………………………（1）
### 1.1 自然环境概述 ……………………………………………………………（1）
### 1.2 经济和社会发展概况 ……………………………………………………（1）
### 1.3 承灾体分析 ………………………………………………………………（3）
### 1.4 主要气象灾害及影响 ……………………………………………………（5）

## 第2章 暴雨 …………………………………………………………………………（6）
### 2.1 数据准备与处理 …………………………………………………………（6）
### 2.2 暴雨灾情统计 ……………………………………………………………（6）
### 2.3 技术方法 …………………………………………………………………（6）
### 2.4 致灾因子特征分析 ………………………………………………………（11）
### 2.5 致灾危险性评估与区划 …………………………………………………（27）
### 2.6 风险评估与区划 …………………………………………………………（31）
### 2.7 总结 ………………………………………………………………………（34）

## 第3章 干旱 …………………………………………………………………………（36）
### 3.1 数据准备与处理 …………………………………………………………（36）
### 3.2 干旱灾情统计 ……………………………………………………………（36）
### 3.3 技术方法 …………………………………………………………………（37）
### 3.4 致灾因子特征分析 ………………………………………………………（38）
### 3.5 致灾危险性评估与区划 …………………………………………………（43）
### 3.6 风险评估与区划 …………………………………………………………（46）
### 3.7 总结 ………………………………………………………………………（49）

## 第4章 高温 …………………………………………………………………………（51）
### 4.1 数据准备与处理 …………………………………………………………（51）
### 4.2 高温灾情统计 ……………………………………………………………（51）
### 4.3 技术方法 …………………………………………………………………（51）
### 4.4 致灾因子特征分析 ………………………………………………………（52）
### 4.5 致灾危险性评估与区划 …………………………………………………（58）
### 4.6 风险评估与区划 …………………………………………………………（60）

4.7 总结 ……………………………………………………………………………………（62）

## 第 5 章 低温 …………………………………………………………………………（64）
5.1 数据准备与处理 ………………………………………………………………（64）
5.2 低温灾情统计 …………………………………………………………………（65）
5.3 技术方法 ………………………………………………………………………（66）
5.4 致灾因子特征分析 ……………………………………………………………（69）
5.5 致灾危险性评估与区划 ………………………………………………………（76）
5.6 风险评估与区划 ………………………………………………………………（78）
5.7 总结 ……………………………………………………………………………（80）

## 第 6 章 大风 …………………………………………………………………………（82）
6.1 数据准备与处理 ………………………………………………………………（82）
6.2 大风灾情统计 …………………………………………………………………（82）
6.3 技术方法 ………………………………………………………………………（83）
6.4 致灾因子特征分析 ……………………………………………………………（84）
6.5 致灾危险性评估与区划 ………………………………………………………（89）
6.6 风险评估与区划 ………………………………………………………………（90）
6.7 总结 ……………………………………………………………………………（93）

## 第 7 章 冰雹 …………………………………………………………………………（94）
7.1 数据准备与处理 ………………………………………………………………（94）
7.2 冰雹灾情统计 …………………………………………………………………（95）
7.3 技术方法 ………………………………………………………………………（95）
7.4 致灾因子特征分析 ……………………………………………………………（97）
7.5 致灾危险性评估与区划 ………………………………………………………（102）
7.6 风险评估与区划 ………………………………………………………………（103）
7.7 总结 ……………………………………………………………………………（106）

## 第 8 章 雷电 …………………………………………………………………………（108）
8.1 数据准备与处理 ………………………………………………………………（108）
8.2 雷电灾情统计 …………………………………………………………………（109）
8.3 技术方法 ………………………………………………………………………（109）
8.4 致灾因子特征分析 ……………………………………………………………（112）
8.5 致灾危险性评估与区划 ………………………………………………………（116）
8.6 风险评估与区划 ………………………………………………………………（116）
8.7 总结 ……………………………………………………………………………（118）

## 第 9 章 雪灾 …………………………………………………………………………（119）
9.1 数据准备与处理 ………………………………………………………………（119）

# 目 录

序
前言

## 第1章 概况 …………………………………………………………………………（ 1 ）
1.1 自然环境概述 …………………………………………………………………（ 1 ）
1.2 经济和社会发展概况 …………………………………………………………（ 1 ）
1.3 承灾体分析 ……………………………………………………………………（ 3 ）
1.4 主要气象灾害及影响 …………………………………………………………（ 5 ）

## 第2章 暴雨 …………………………………………………………………………（ 6 ）
2.1 数据准备与处理 ………………………………………………………………（ 6 ）
2.2 暴雨灾情统计 …………………………………………………………………（ 6 ）
2.3 技术方法 ………………………………………………………………………（ 6 ）
2.4 致灾因子特征分析 ……………………………………………………………（ 11 ）
2.5 致灾危险性评估与区划 ………………………………………………………（ 27 ）
2.6 风险评估与区划 ………………………………………………………………（ 31 ）
2.7 总结 ……………………………………………………………………………（ 34 ）

## 第3章 干旱 …………………………………………………………………………（ 36 ）
3.1 数据准备与处理 ………………………………………………………………（ 36 ）
3.2 干旱灾情统计 …………………………………………………………………（ 36 ）
3.3 技术方法 ………………………………………………………………………（ 37 ）
3.4 致灾因子特征分析 ……………………………………………………………（ 38 ）
3.5 致灾危险性评估与区划 ………………………………………………………（ 43 ）
3.6 风险评估与区划 ………………………………………………………………（ 46 ）
3.7 总结 ……………………………………………………………………………（ 49 ）

## 第4章 高温 …………………………………………………………………………（ 51 ）
4.1 数据准备与处理 ………………………………………………………………（ 51 ）
4.2 高温灾情统计 …………………………………………………………………（ 51 ）
4.3 技术方法 ………………………………………………………………………（ 51 ）
4.4 致灾因子特征分析 ……………………………………………………………（ 52 ）
4.5 致灾危险性评估与区划 ………………………………………………………（ 58 ）
4.6 风险评估与区划 ………………………………………………………………（ 60 ）

4.7 总结 ……………………………………………………………………………（62）

## 第5章 低温 …………………………………………………………………………（64）
5.1 数据准备与处理 ………………………………………………………………（64）
5.2 低温灾情统计 …………………………………………………………………（65）
5.3 技术方法 ………………………………………………………………………（66）
5.4 致灾因子特征分析 ……………………………………………………………（69）
5.5 致灾危险性评估与区划 ………………………………………………………（76）
5.6 风险评估与区划 ………………………………………………………………（78）
5.7 总结 ……………………………………………………………………………（80）

## 第6章 大风 …………………………………………………………………………（82）
6.1 数据准备与处理 ………………………………………………………………（82）
6.2 大风灾情统计 …………………………………………………………………（82）
6.3 技术方法 ………………………………………………………………………（83）
6.4 致灾因子特征分析 ……………………………………………………………（84）
6.5 致灾危险性评估与区划 ………………………………………………………（89）
6.6 风险评估与区划 ………………………………………………………………（90）
6.7 总结 ……………………………………………………………………………（93）

## 第7章 冰雹 …………………………………………………………………………（94）
7.1 数据准备与处理 ………………………………………………………………（94）
7.2 冰雹灾情统计 …………………………………………………………………（95）
7.3 技术方法 ………………………………………………………………………（95）
7.4 致灾因子特征分析 ……………………………………………………………（97）
7.5 致灾危险性评估与区划 ………………………………………………………（102）
7.6 风险评估与区划 ………………………………………………………………（103）
7.7 总结 ……………………………………………………………………………（106）

## 第8章 雷电 …………………………………………………………………………（108）
8.1 数据准备与处理 ………………………………………………………………（108）
8.2 雷电灾情统计 …………………………………………………………………（109）
8.3 技术方法 ………………………………………………………………………（109）
8.4 致灾因子特征分析 ……………………………………………………………（112）
8.5 致灾危险性评估与区划 ………………………………………………………（116）
8.6 风险评估与区划 ………………………………………………………………（116）
8.7 总结 ……………………………………………………………………………（118）

## 第9章 雪灾 …………………………………………………………………………（119）
9.1 数据准备与处理 ………………………………………………………………（119）

9.2 雪灾灾情统计 ……………………………………………………………… (119)
9.3 技术方法 …………………………………………………………………… (120)
9.4 致灾因子特征分析 ………………………………………………………… (121)
9.5 致灾危险性评估与区划 …………………………………………………… (125)
9.6 风险评估与区划 …………………………………………………………… (126)
9.7 总结 ………………………………………………………………………… (128)

## 第10章 综合评估与区划及对策建议

10.1 综合致灾危险性评估与区划 …………………………………………… (129)
10.2 气象灾害风险评估与区划 ……………………………………………… (130)
10.3 对策建议 ………………………………………………………………… (130)

## 附录A 技术方法

A.1 归一化处理 ………………………………………………………………… (132)
A.2 Pearson 相关系数 ………………………………………………………… (132)
A.3 信息熵赋权法 ……………………………………………………………… (132)
A.4 百分位数法 ………………………………………………………………… (133)
A.5 自然断点法 ………………………………………………………………… (133)
A.6 层次分析法 ………………………………………………………………… (133)
A.7 投影寻踪模糊聚类 ………………………………………………………… (135)
A.8 插值方法 …………………………………………………………………… (135)

# 第1章 概 况

## 1.1 自然环境概述

遵义市（地级市）位于中国西南部、贵州省北部，是贵州省第二大城市、新兴工业城市和重要农产品生产基地，黔北政治经济文化中心，中国历史文化名城，国家"西电东送"能源基地之一。遵义市地理位置在东经$105°36'\sim108°13'$和北纬$27°08'\sim29°12'$之间，全市总面积$30762\ km^2$，占贵州省总面积的17.5%，市域东西绵延254 km，南北相距230.5 km。

遵义市处于云贵高原东北部向湖南丘陵和四川盆地过渡的斜坡地带，地形起伏大，地貌类型复杂。海拔高度在1000～1600 m，在全国地势第二级阶梯上。全市山间平坝面积占7.4%，丘陵占30.7%，山地占61.9%。大娄山脉自西南向东北横亘其间，成为天然屏障，是市内南北水系的分水岭。在地貌上把遵义市划分为两大片，南片占全市总面积的37.6%，北片占62.4%。山南是贵州高原的主体之一，以低中山丘陵和宽谷盆地为主，一般耕地比较集中连片，土地利用率较高，是粮食、油料作物的主要产地。从乌江谷缘到大娄山脉，明显可见三级台地：最低一级海拔高度1000～1200 m，中间一级1300～1350 m，最高一级1500～1600 m。山北以中山峡谷为主，山高谷深，山地垂直差异明显，耕地比较分散。全市海拔最低处在赤水市白云乡泥滩坝，海拔215 m；最高处是大娄山脉最高峰——桐梓县北面狮溪镇漩凼，海拔2222 m。

遵义市属亚热带湿润季风气候。四季分明，雨热同季，冬无严寒，夏无酷暑，气候类型多样，垂直差异明显。年平均气温15.8 ℃，年降水量1107.1 mm，年日照时数1026.1 h。秋冬季受冷空气和滇黔准静止锋影响，常出现连阴雨天气；夏季除赤水河谷易出现高温天气外，其余大部地区气候舒适，中高海拔地区冷凉及避暑气候特征明显。

## 1.2 经济和社会发展概况

遵义市下辖3个区、7个县、2个民族自治县、2个代管市，即红花岗区、汇川区、播州区、桐梓县、绥阳县、正安县、凤冈县、湄潭县、余庆县、习水县、道真仡佬族苗族自治县、务川仡佬族苗族自治县、仁怀市、赤水市（图1.1）。全市下辖253个乡镇（街道）、2073个城乡社区，其中，城市社区1454个、农村社区619个。

2020年，遵义市生产总值（GDP）3720.05亿元，比上年（2019年）增长4.6%（图1.2）。其中，第一产业增加值489.62亿元，增长6.2%；第二产业增加值1615.60亿元，增长4.2%；第三产业增加值1614.83亿元，增长4.7%。第一产业增加值占GDP的比重为13.2%，比上年提高0.8个百分点；第二产业增加值占GDP的比重为43.4%，比上年下降2.3个百分点；第三产业增加值占GDP的比重为43.4%，比上年提高1.5个百分点。

图 1.1 遵义市行政区划分布

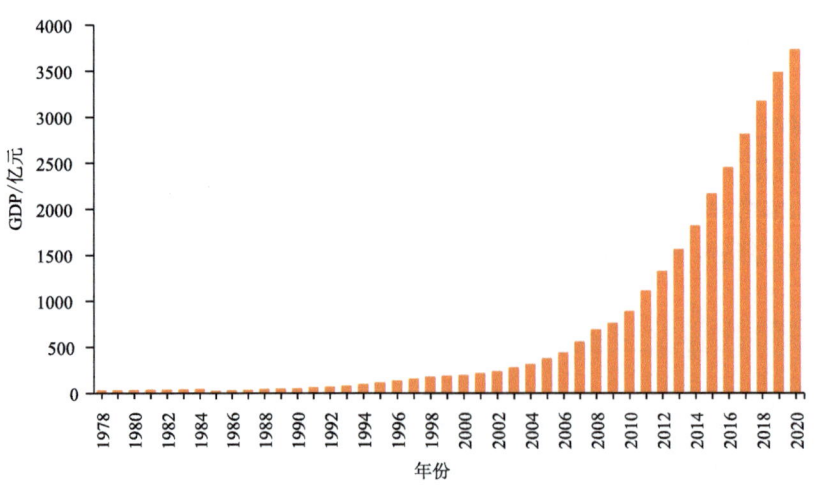

图 1.2 遵义市 1978—2020 年 GDP 变化

2020 年,遵义市常住人口为 660.67 万人(图 1.3)。从性别构成来看,男性人口占比为 50.58%,女性人口占比为 49.42%,性别比例相对均衡;从年龄构成来看,0~14 岁人口占比 22.32%,15~59 岁人口占比 60.63%,60 岁以上人口占比 17.05%,其中,65 岁以上人口占 比 13.42%,60 岁以上人口占比低于全国平均水平(18.7%),但仍存在一定的人口老龄化 问题。

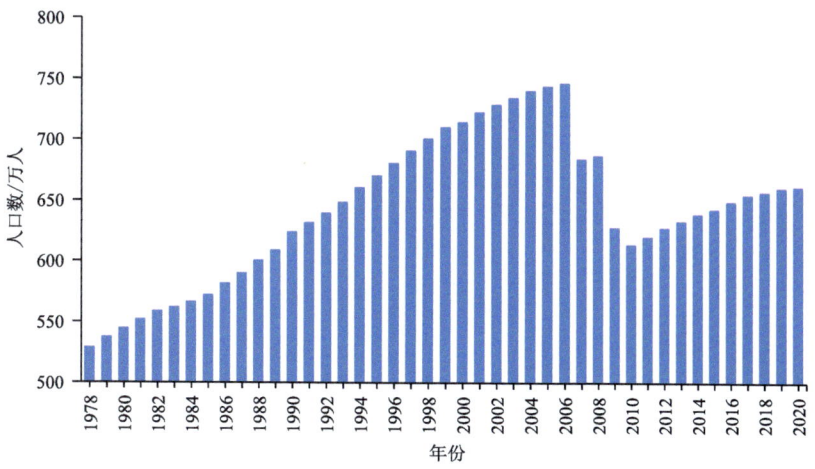

图1.3 遵义市1978—2020年人口数变化

图1.4为遵义市1978—2020年农作物播种面积历年变化。2020年，遵义市农作物播种面积126.5万 $hm^2$。其中，夏粮播种面积19.97万 $hm^2$，秋粮播种面积41.16万 $hm^2$。油料作物种植面积10.13万 $hm^2$，烤烟种植面积3.09万 $hm^2$，蔬菜种植面积29.48万 $hm^2$，其中，辣椒种植面积10.03万 $hm^2$。中药材种植面积2.72万 $hm^2$，花卉种植面积0.12万 $hm^2$，茶园种植面积9.06万 $hm^2$，园林水果种植面积7.65万 $hm^2$。

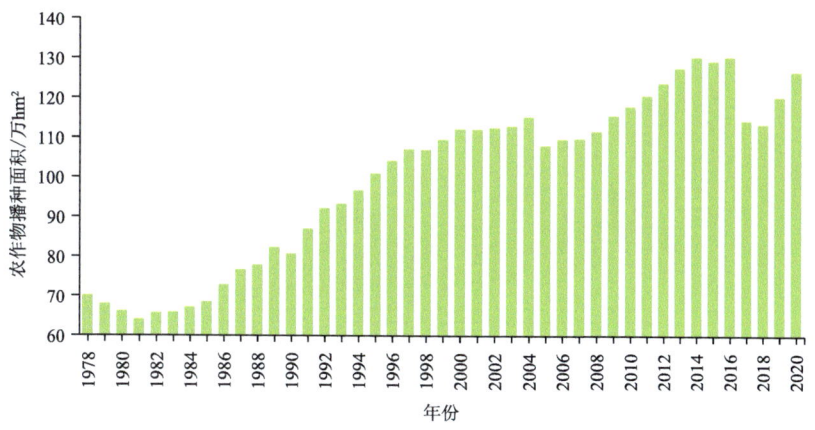

图1.4 遵义市1978—2020年农作物播种面积变化

## 1.3 承灾体分析

根据国普办（国务院第一次全国自然灾害综合风险普查领导小组办公室）下发的遵义市 $30''\times30''$ 网格承灾体数据进行绘制和分级，数据表明GDP、人口高值区主要集中在县级行政区的中心区域（图1.5）。小麦种植区域主要分布在遵义市的西部、中部以北局地、余庆县等地，种植总面积为11617.7 $hm^2$；玉米和水稻种植遍布遵义市大部分地区，种植总面积分别为93997.6 $hm^2$ 和120565.2 $hm^2$，种植面积较大的主要集中在遵义市中部以南的地区（图1.6）。

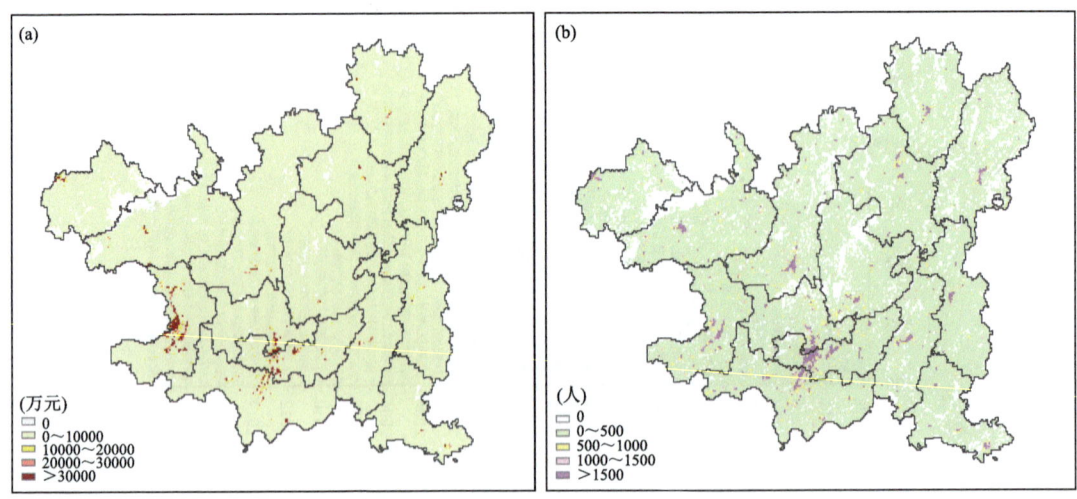

图1.5 遵义市 GDP(a)、人口(b)空间分布

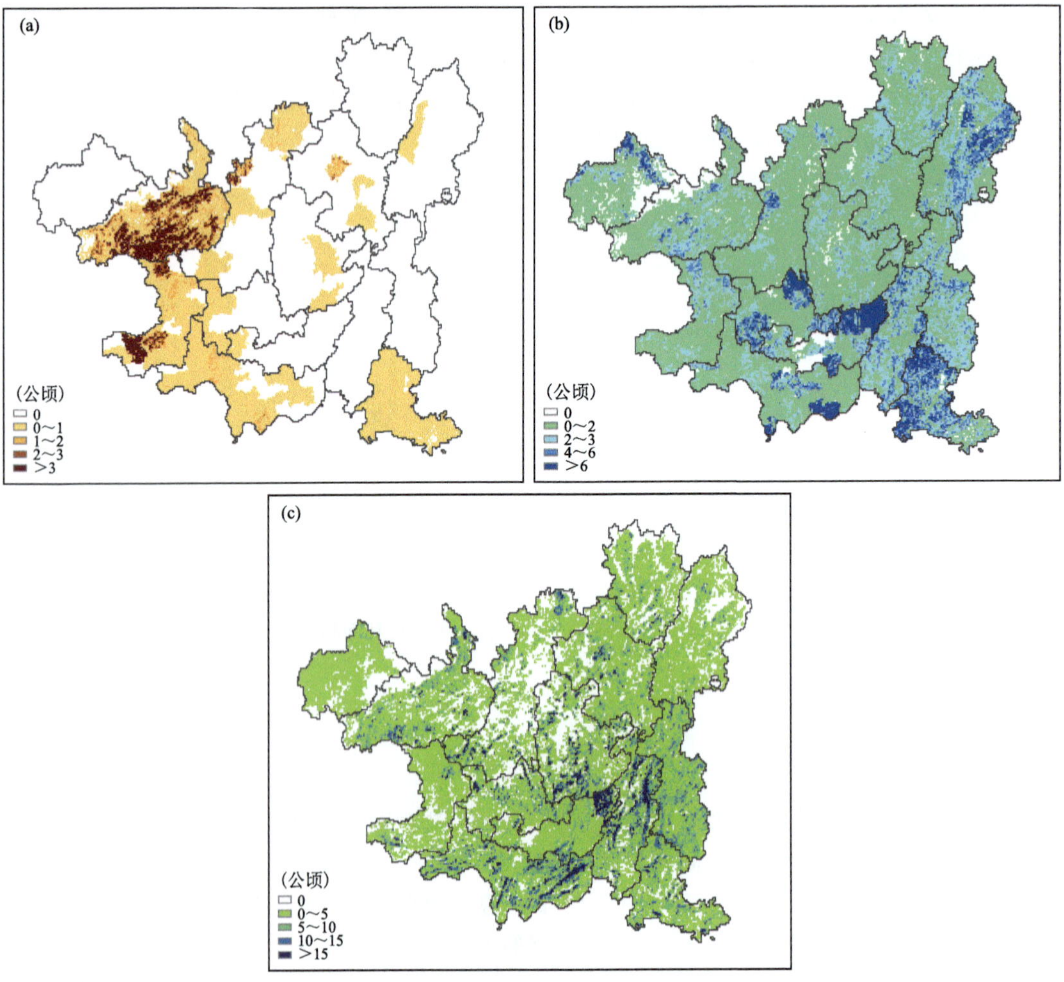

图1.6 遵义市小麦(a)、玉米(b)、水稻(c)种植面积空间分布

第1章 概况

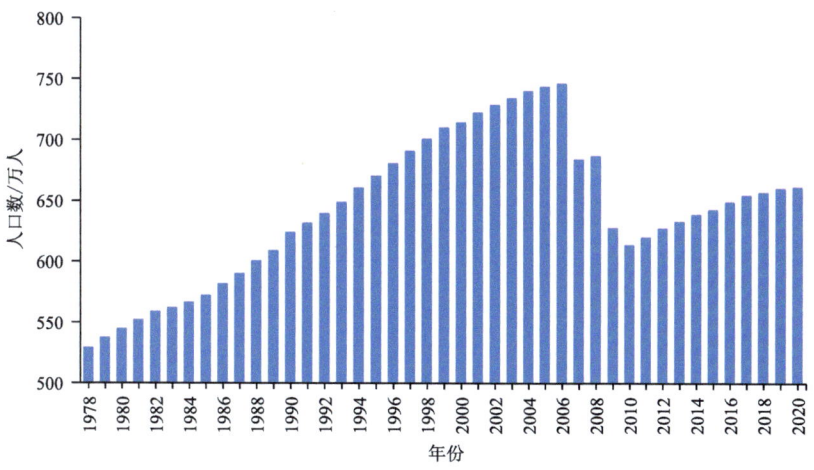

图1.3 遵义市1978—2020年人口数变化

图1.4为遵义市1978—2020年农作物播种面积历年变化。2020年,遵义市农作物播种面积126.5万 hm²。其中,夏粮播种面积19.97万 hm²,秋粮播种面积41.16万 hm²。油料作物种植面积10.13万 hm²,烤烟种植面积3.09万 hm²,蔬菜种植面积29.48万 hm²,其中,辣椒种植面积10.03万 hm²。中药材种植面积2.72万 hm²,花卉种植面积0.12万 hm²,茶园种植面积9.06万 hm²,园林水果种植面积7.65万 hm²。

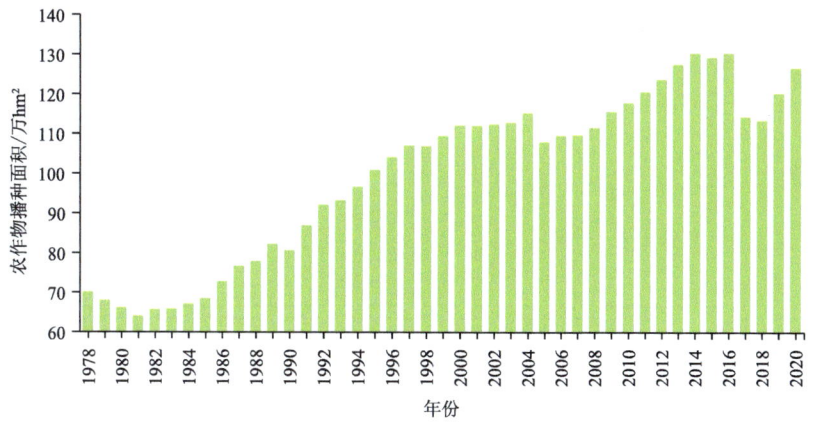

图1.4 遵义市1978—2020年农作物播种面积变化

## 1.3 承灾体分析

根据国普办(国务院第一次全国自然灾害综合风险普查领导小组办公室)下发的遵义市30″×30″网格承灾体数据进行绘制和分级,数据表明GDP、人口高值区主要集中在县级行政区的中心区域(图1.5)。小麦种植区域主要分布在遵义市的西部、中部以北局地、余庆县等地,种植总面积为11617.7 hm²;玉米和水稻种植遍布遵义市大部分地区,种植总面积分别为93997.6 hm²和120565.2 hm²,种植面积较大的主要集中在遵义市中部以南的地区(图1.6)。

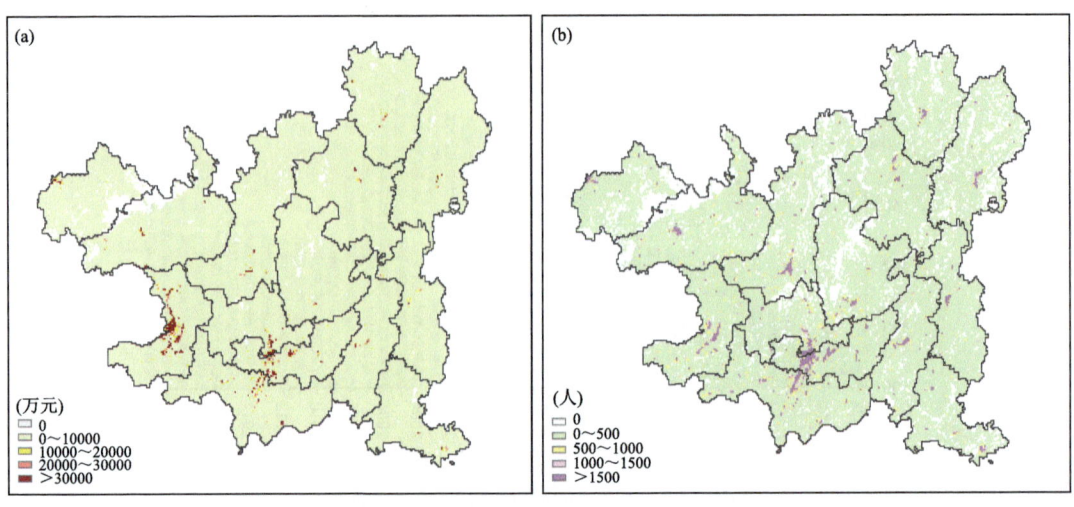

图 1.5 遵义市 GDP(a)、人口(b)空间分布

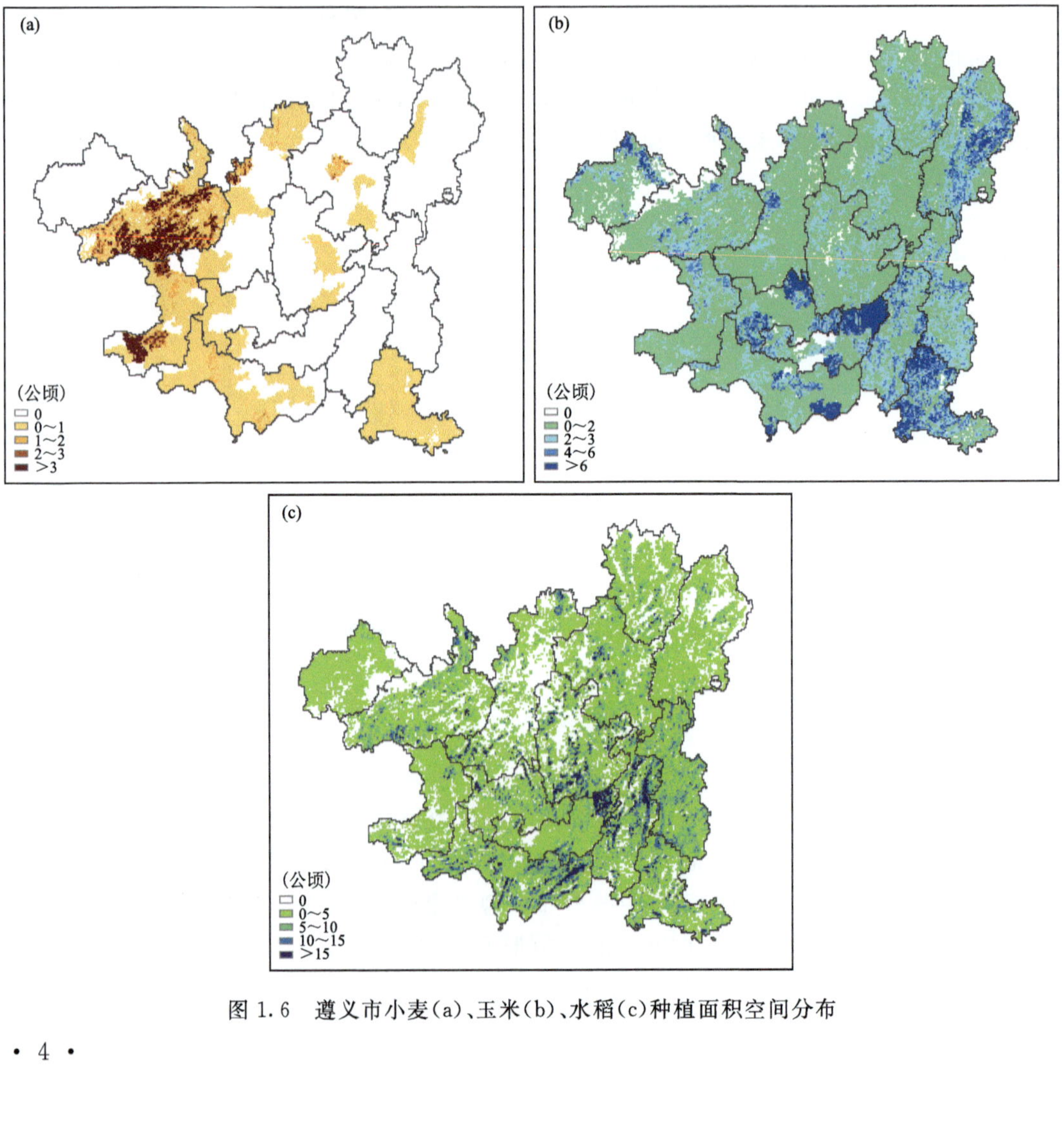

图 1.6 遵义市小麦(a)、玉米(b)、水稻(c)种植面积空间分布

## 1.4 主要气象灾害及影响

遵义市气候类型多样,一年四季均有不同种类的气象灾害发生(图1.7)。主要包括暴雨(引发山洪、滑坡、泥石流)、干旱、低温(霜冻、冻害、凝冻、倒春寒、秋风)、雪灾、冰雹、大风、雷电、大雾、秋绵雨等。其中,雪灾、凝冻主要集中在冬季;冰雹灾害主要集中在春季;暴雨灾害主要集中在夏季;干旱、低温冷害、雷电、大风灾害则在全年都有可能发生。

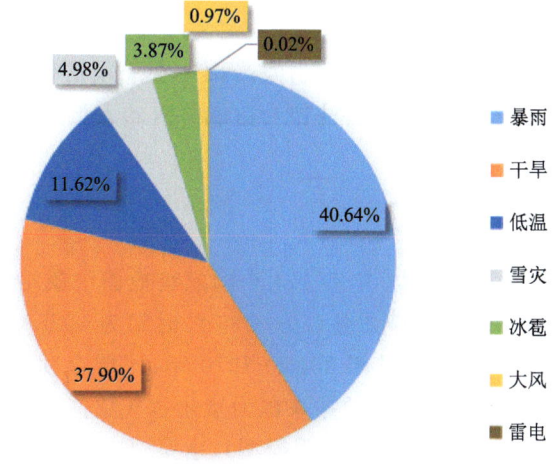

图1.7 遵义市2000—2020年各灾种直接经济损失占比

# 第 2 章 暴 雨

气象上将 24 h 降水量为 50 mm 及以上的强降雨称为暴雨。由暴雨引发的城市内涝、山洪、泥石流、滑坡等灾害一直是贵州最主要的气象灾害类型之一。高原和山地由于其阻挡作用,大气运动常常会形成绕流和爬流等,易于引发暴雨。在暴雨的作用下,山地地形最易诱发山洪、泥石流和滑坡等次生灾害,这类灾害往往会造成严重的人员伤亡及经济财产损失。

## 2.1 数据准备与处理

本章使用的资料为遵义市所辖县(市、区)14 个国家级地面气象站和 252 个区域自动气象站的降水数据,国家级地面气象站日降水量(20—20 时)时间为 1978—2020 年、小时降水量时间为 1981—2004 年历年同期 4—10 月和 2005—2020 年,区域自动气象站日降水量(20—20 时)、小时降水量时间为建站至 2020 年,数据来源为贵州省气象信息中心。

基础地理信息:包括县界、DEM(数字高程模型)、水系、地质灾害等级、30″×30″网格。

有关名词定义如下:

日降水量:前一日 20 时到当日 20 时的累积降水量。

暴雨:日降水量≥50 mm 的强降雨。

暴雨日数:日降水量≥50 mm 的天数。

大暴雨日数:日降水量≥100 mm 的天数。

单站暴雨日数:单个气象观测站日降水量≥50 mm 的降雨天数。

单站暴雨过程:单站暴雨日持续天数≥1 d 或者间断日仅 1 d 且间断日降水量≥10 mm 的降水过程。

暴雨过程开始日/结束日:暴雨过程首个/最后一个暴雨日。

## 2.2 暴雨灾情统计

据不完全统计,2000—2020 年遵义市发生的暴雨洪涝灾害共造成直接经济损失 130.72 亿元。其中,2014 年暴雨洪涝灾害造成的直接经济损失最大,为 27.42 亿元(图 2.1)。

## 2.3 技术方法

### 2.3.1 致灾因子选取

选择暴雨持续天数、过程累积降水量、最大日降水量、最大小时降水量 4 个致灾因子指标

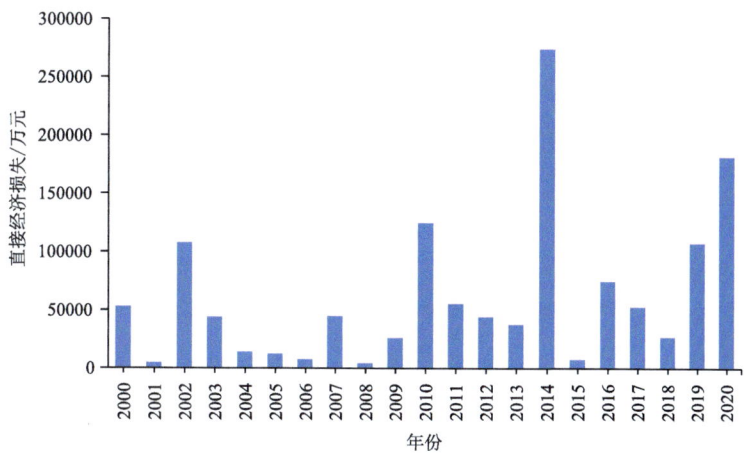

图 2.1　遵义市 2000—2020 年暴雨洪涝灾害直接经济损失年际变化

来表达单站暴雨过程强度。缺少小时降水资料的年份,则选择暴雨持续天数、过程累积降水量、最大日降水量 3 个指标。

### 2.3.2　致灾危险性评估技术方法

#### 2.3.2.1　暴雨过程强度指数及分级

(1)暴雨过程强度计算

根据识别出的致灾因子,对各评估指标进行归一化处理,采用信息熵赋权法确定权重,加权求和得到暴雨过程强度指数。

单站暴雨过程强度指数的计算见公式(2.1)。

$$I_R = A \times I_{1pre} + B \times I_{24pre} + C \times I_{pre} + D \times I_{day} \tag{2.1}$$

式中,$I_R$ 为单站暴雨过程强度指数;$I_{1pre}$、$I_{24pre}$、$I_{pre}$、$I_{day}$ 分别为最大小时降水量、最大日降水量、过程累积降水量、暴雨持续天数 4 个评估指标归一化处理后的数值;$A$、$B$、$C$、$D$ 分别为 $I_{1pre}$、$I_{24pre}$、$I_{pre}$、$I_{day}$ 评估指标的权重系数,权重系数采用信息熵赋权法确定。

(2)暴雨过程强度分级

将暴雨过程强度指数,采用百分位数法,划分为一般、中、偏强、极强 4 个等级(表 2.1)。

表 2.1　暴雨过程强度的等级划分及评估

| 百分位范围($R$) | $R \leqslant 50\%$ | $50\% < R \leqslant 75\%$ | $75\% < R \leqslant 90\%$ | $R > 90\%$ |
|---|---|---|---|---|
| 等级 | Ⅳ级 | Ⅲ级 | Ⅱ级 | Ⅰ级 |
| 评估 | 一般 | 中 | 偏强 | 极强 |

#### 2.3.2.2　雨涝指数

累加当年逐场暴雨过程强度指数,得到年雨涝指数,并基于年雨涝指数建立 1991—2020 年的样本序列,用于风险评估与分区。

#### 2.3.2.3　致灾危险性评估

致灾危险性评估主要考虑暴雨事件和孕灾环境,由年雨涝指数和暴雨孕灾环境影响系数两部分组成。

#### 2.3.2.3.1 孕灾环境影响系数

暴雨孕灾环境指暴雨影响下,对形成洪涝、泥石流、滑坡、城市内涝等次生灾害起作用的自然环境。暴雨孕灾环境对暴雨成灾危险性起扩大或缩小作用,主要考虑地形、河网水系、地质灾害易发条件。

(1)地形因子影响系数

根据贵州省实际情况,参照标准《暴雨过程危险性等级评估技术规范》(DB33/T 2025—2017)对高程标准差值及海拔高度进行调整,确定两个指标的等级划分,并结合等级结果进行赋值,如表2.2所示。

表2.2 地形因子影响系数($p_h$)赋值

| 高程标准差 | 海拔高度/m | | | | |
|---|---|---|---|---|---|
| | <600 | [600,800) | [800,1000) | [1000,1200) | ≥1200 |
| <5 | 0.9 | 0.8 | 0.7 | 0.6 | 0.5 |
| [5,10) | 0.8 | 0.7 | 0.6 | 0.5 | 0.4 |
| [10,25) | 0.7 | 0.6 | 0.5 | 0.4 | 0.3 |
| ≥25 | 0.6 | 0.5 | 0.4 | 0.3 | 0.2 |

(2)水系因子影响系数

①水网密度法

水网密度指流域内河流长度与流域面积的比值,水网密度反映了一定区域范围内河流的密集程度,按公式(2.2)计算:

$$S_r = \frac{l_r}{a} \tag{2.2}$$

式中,$S_r$为水网密度;$l_r$为河流长度;$a$为评估面积。

根据贵州省实际情况,运用水系数据,采用水网密度法进行计算并赋值,如表2.3所示。

表2.3 水网密度系数($p_{r1}$)赋值

| 水网密度 | $p_{r1}$ |
|---|---|
| <0.05 | 0 |
| [0.05,0.2) | 0.1 |
| [0.2,0.4) | 0.2 |
| [0.4,0.8) | 0.3 |
| [0.8,1.6) | 0.4 |
| [1.6,3.2) | 0.5 |
| [3.2,6.0) | 0.6 |
| [6.0,12.0) | 0.7 |
| [12.0,20.0) | 0.8 |
| ≥20.0 | 0.9 |

②水体距离法

结合贵州省实际情况,根据距离水体(河流、湖泊、水库)的远近对影响系数进行赋值,如表2.4所示。

表 2.4　水体距离系数（$p_{r2}$）赋值

| 距离水体/km | $p_{r2}$ |
|---|---|
| <0.5 | 0.9 |
| [0.5,1.0) | 0.8 |
| [1.0,1.5) | 0.6 |
| [1.5,2.0) | 0.4 |
| [2.0,2.5) | 0.2 |
| ≥2.5 | 0 |

③水系因子影响系数

利用等权重的方式,根据公式(2.3)计算水系因子影响系数（$p_r$）。

$$p_r = 0.5 \times p_{r1} + 0.5 \times p_{r2} \tag{2.3}$$

(3)地质灾害易发条件系数

根据贵州省地质灾害易发程度,对地质灾害易发条件系数进行赋值,得到的结果如表 2.5 所示。

表 2.5　地质灾害易发条件系数（$p_d$）赋值

| 地质灾害易发等级 | 低易发 | 中易发 | 高易发 |
|---|---|---|---|
| $p_d$ | 0.3 | 0.6 | 0.9 |

(4)暴雨孕灾环境影响系数

将上述 3 个影响因子,按照信息熵赋权法进行权重的计算,根据下述公式进行暴雨孕灾环境综合指数及暴雨孕灾环境影响系数的计算。

$$I_e = w_h p_h + w_r p_r + w_d p_d \tag{2.4}$$

式中,$I_e$ 为暴雨孕灾环境综合指数;$p_h$ 为地形因子影响系数;$p_r$ 为水系因子影响系数;$p_d$ 为地质灾害易发条件系数;$w_h$、$w_r$、$w_d$ 分别为地形因子、水系因子、地质灾害易发条件影响系数的权重。

$$I'_e = -c + 2c\left(\frac{I_e - I_{e\min}}{I_{e\max} - I_{e\min}}\right) \tag{2.5}$$

式中,$I'_e$ 为暴雨孕灾环境影响系数;$I_e$ 为暴雨孕灾环境综合指数;$I_{e\max}$ 为区域内最大暴雨孕灾环境综合指数;$I_{e\min}$ 为区域内最小暴雨孕灾环境综合指数;$c$ 为常数,取值 0.2~0.4。

#### 2.3.2.3.2　致灾危险性计算

基于多年平均年雨涝指数和暴雨孕灾环境影响系数,构建暴雨致灾危险性指数。

暴雨致灾危险性指数 =（1+暴雨孕灾环境影响系数）×年雨涝指数　　（2.6）

#### 2.3.2.4　致灾危险性分区

基于暴雨致灾危险性指数,根据自然断点法,将暴雨致灾危险性划分为高（Ⅰ）、较高（Ⅱ）、较低（Ⅲ）、低（Ⅳ）4 个等级,按照行政区域绘制暴雨危险性区划空间分布图。

### 2.3.3　风险评估技术方法

致灾因子的危险性仅反映了暴雨可能产生的危害大小,而实际造成危害的程度还与承灾体特征有关。

#### 2.3.3.1 主要承灾体暴露度

选取人口、经济、农业（玉米、水稻）承灾体进行暴露度分析，选择指标如下：

(1)人口暴露度：人口数量（单位：人）；

(2)经济暴露度：GDP（单位：万元）；

(3)农业暴露度：玉米、水稻种植面积（单位：hm²）。

为了消除各指标的量纲差异，对人口暴露度、经济暴露度、农业暴露度指标进行归一化处理。

#### 2.3.3.2 主要承灾体脆弱性

选取人口、经济、农业或其他特定承灾体进行脆弱性分析，选择指标如下：

(1)人口脆弱性：因暴雨灾害造成的死亡人口和受灾人口占区域总人口比例；

(2)经济脆弱性：因暴雨灾害造成的直接经济损失占区域GDP的比例；

(3)农业脆弱性：农作物（玉米、水稻）成灾面积占种植面积的比例。

为了消除各指标的量纲差异，对人口脆弱性、经济脆弱性、农业脆弱性指标进行归一化处理。

#### 2.3.3.3 暴雨灾害风险评估

根据暴雨灾害风险形成原理及评估指标体系，分别将致灾危险性、承灾体暴露度和承灾体脆弱性各指标进行归一化，再加权综合，建立风险评估模型。

$$MDRI = TI^{we} \times EI^{wh} \times VI^{ws} \qquad (2.7)$$

式中，MDRI 为暴雨灾害风险指数，用于表示暴雨灾害风险程度，其值越大，则暴雨灾害风险程度越大；TI 为暴雨致灾危险性指数；EI 为承灾体暴露度指数；VI 为承灾体脆弱性指数；we、wh、ws 分别为致灾危险性、承灾体暴露度和脆弱性指数的权重，可采用专家打分法、等权法、信息熵赋权法等确定。

根据风险评估模型，分别对不同承灾体进行风险评估。

如人口、经济及农业风险评估分别表示为：

(1)受灾人口风险＝暴雨致灾危险性（危险性）$^{we}$×区域人口密度（暴露度）$^{wh}$×区域人口受灾率（脆弱性）$^{ws}$ \qquad (2.8)

(2)GDP 损失风险＝暴雨致灾危险性（危险性）$^{we}$×区域 GDP 密度（暴露度）$^{wh}$×区域直接经济损失（脆弱性）$^{ws}$ \qquad (2.9)

(3)玉米风险＝暴雨致灾危险性（危险性）$^{we}$×区域玉米种植面积（暴露度）$^{wh}$×区域玉米成灾率（脆弱性）$^{ws}$ \qquad (2.10)

(4)水稻风险＝暴雨致灾危险性（危险性）$^{we}$×区域水稻种植面积（暴露度）$^{wh}$×区域水稻成灾率（脆弱性）$^{ws}$ \qquad (2.11)

若缺乏脆弱性资料，可以对致灾危险性和承灾体暴露度进行等权求积，得到风险评估结果。

#### 2.3.3.4 暴雨灾害风险分区

依据风险评估结果，结合行政单元，采用自然断点法，对风险评估结果进行空间划分，将暴雨灾害风险划分为高（Ⅰ）、较高（Ⅱ）、中（Ⅲ）、较低（Ⅳ）、低（Ⅴ）5个等级。

## 2.4 致灾因子特征分析

### 2.4.1 降水量

图 2.2 是遵义市 1978—2020 年年降水量变化。从图中可以看出,遵义市多年平均年降水量为 1085.2 mm,最低值为 856.1 mm,出现在 2011 年,最高值为 1338.7 mm,出现在 2020 年。

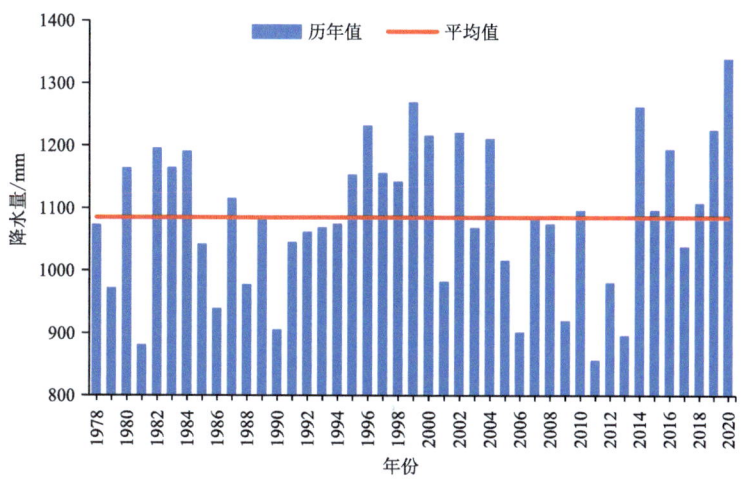

图 2.2　遵义市 1978—2020 年年降水量变化

图 2.3 是遵义市 1978—2020 年平均月降水量变化。从图中可以看出,遵义市多年平均月降水量最低值为 23.2 mm,出现在 2 月,最高值为 193.6 mm,出现在 6 月,其中,5—9 月降水量较多,各月均超过 100 mm。

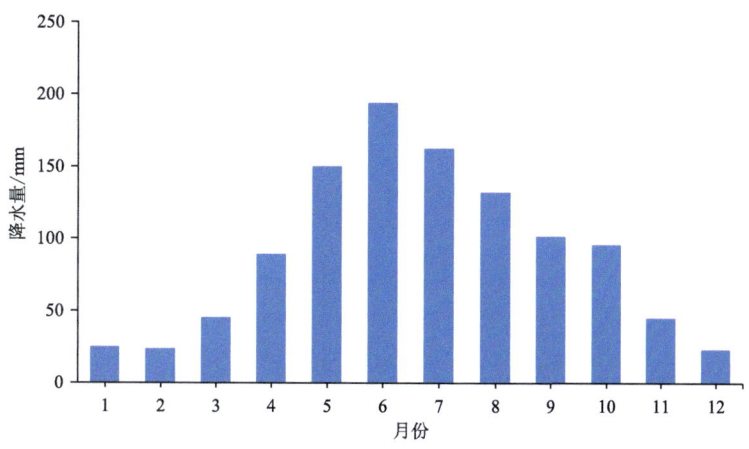

图 2.3　遵义市 1978—2020 年平均月降水量变化

图 2.4 是遵义市 1978—2020 年多年平均降水量空间分布。从图中可以看出,遵义市多年平均降水量整体为中部少,东西多;最低值为 970.3 mm,出现在汇川,最高值为 1213.3 mm,出现在赤水。

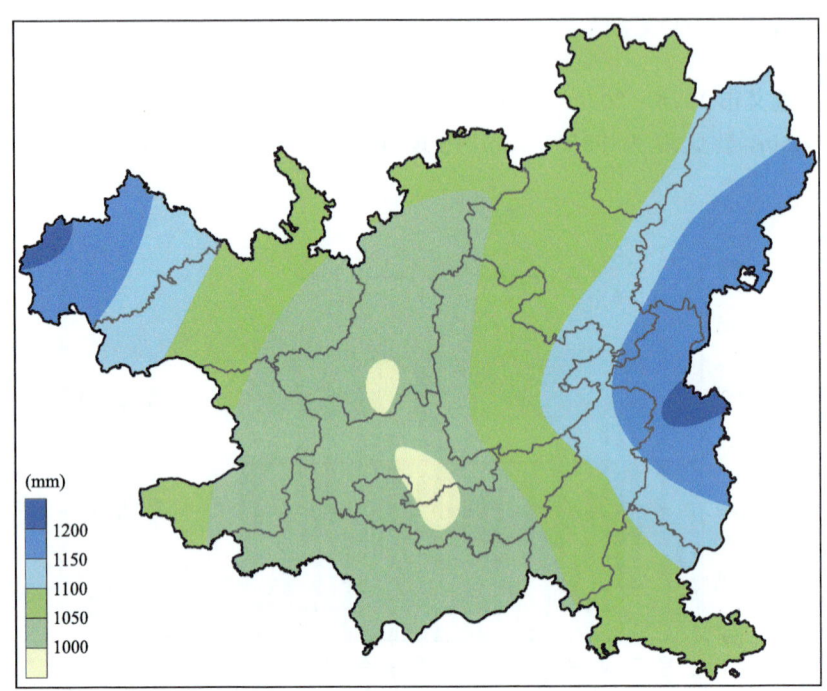

图 2.4　遵义市 1978—2020 年平均年降水量空间分布

### 2.4.2　最大连续降水量

图 2.5 是遵义市 1978—2020 年年最大连续降水量变化。从图中可以看出,遵义市多年平均年最大连续降水量为 220.8 mm,最低值为 123.7 mm,发生在道真(1981 年 7 月 14—18 日);最高值为 426.1 mm,发生在遵义城市站(1991 年 7 月 1—10 日)。

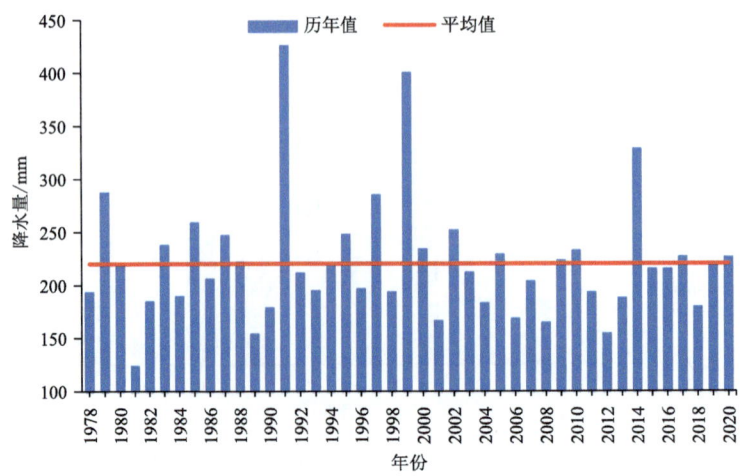

图 2.5　遵义市 1978—2020 年年最大连续降水量变化

图 2.6 是遵义市 1978—2020 年最大连续降水量空间分布。从图中可以看出,遵义市多年平均最大连续降水量整体为西北部少,其余大部地区多。其最低值为 191.5 mm,出现在汇川,最高值为 426.1 mm,出现在遵义城市站。

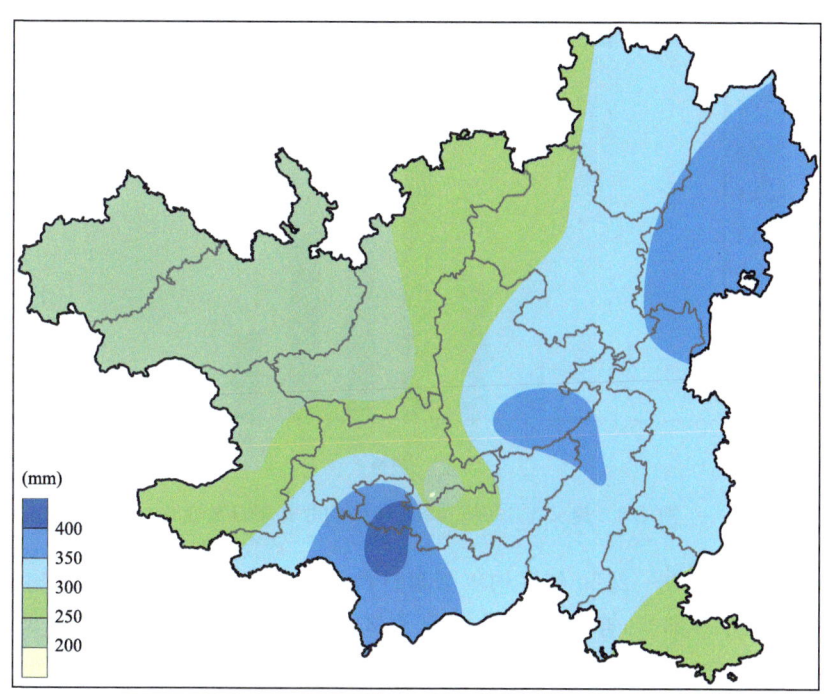

图 2.6　遵义市 1978—2020 年最大连续降水量空间分布

### 2.4.3　暴雨日数

图 2.7 是遵义市 1978—2020 年平均暴雨日数变化。从图中可以看出,遵义市多年平均暴雨日数为 2.6 d,最低值为 1.1 d,出现在 1990 年,最高值为 4.8 d,分别出现在 2014 年与 2020 年。

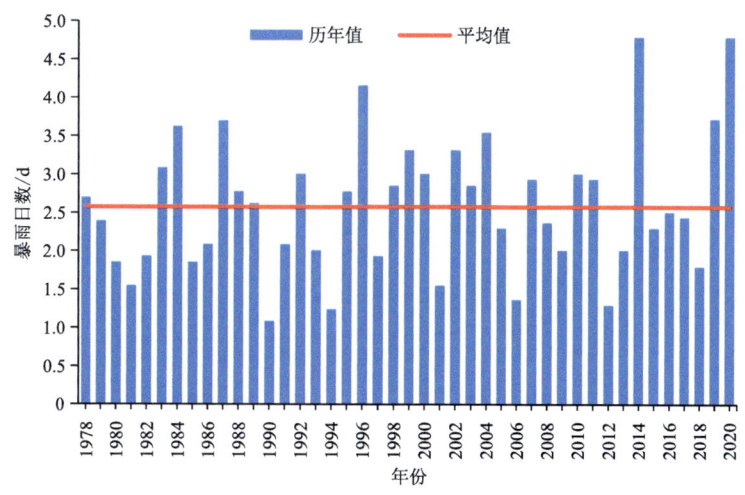

图 2.7　遵义市 1978—2020 年平均暴雨日数变化

图 2.8 是遵义市 1978—2020 年平均月暴雨日数变化。从图中可以看出,遵义市多年平均月暴雨日数 5—8 月较多,超过 0.3 d,其中,最低值为 0 d,出现在 1 月、2 月、3 月、11 月和 12 月,最高值为 0.7 d,出现在 6 月和 7 月。

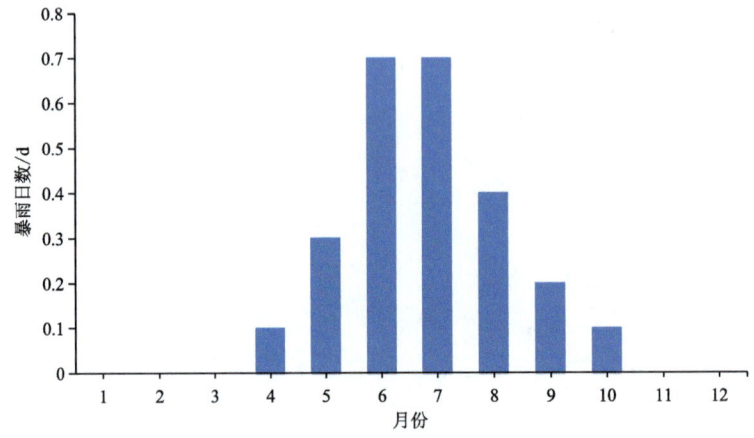

图 2.8　遵义市 1978—2020 年平均月暴雨日数变化

图 2.9 是遵义市 1978—2020 年平均年暴雨日数空间分布。从图中可以看出,遵义市多年平均暴雨日数整体为西部少,东部多。最低值为 2 d,出现在仁怀,最高值为 3.5 d,出现在凤冈。

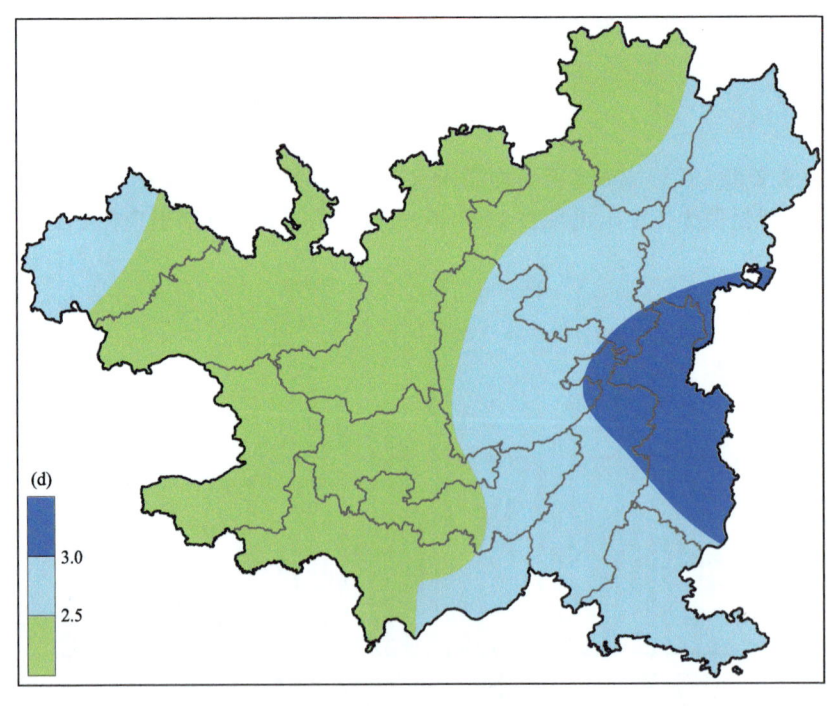

图 2.9　遵义市 1978—2020 年平均年暴雨日数空间分布

## 2.4.4 暴雨初终日

图 2.10 是遵义市 1978—2020 年暴雨初终日变化。从图中可以看出,遵义市多年平均暴雨初日为 4 月 27 日,最早为 3 月 23 日,出现在 2013 年(余庆),最晚为 6 月 11 日,出现在 1993 年(习水),2000 年以前整体偏晚,2000 年以后整体偏早;遵义市多年平均暴雨终日为 9 月 30 日,最早为 8 月 1 日,出现在 1990 年(赤水),最晚为 11 月 7 日,出现在 2008 年(余庆)。

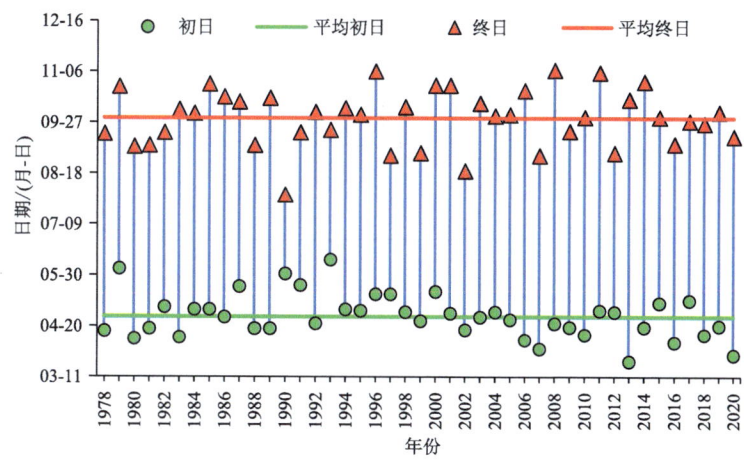

图 2.10 遵义市 1978—2020 年暴雨初终日变化

## 2.4.5 极端降水及其重现期

### 2.4.5.1 不同历时最大降水量

图 2.11 是遵义市 1978—2020 年不同历时(1 h、3 h、6 h、12 h 和 24 h)最大降水量变化。从图中可以看出,遵义市历时 1 h 最大降水量最大值为 91.7 mm,出现在 2005 年,最小值为 40.8 mm,出现在 2012 年;历时 3 h 最大降水量最大值为 151.1 mm,出现在 2005 年,最小值为 64.9 mm,出现在 2012 年;历时 6 h 最大降水量最大值为 200.4 mm,出现在 2011 年,最小值为 76.4 mm,出现在 1994 年;历时 12 h 最大降水量最大值为 203.1 mm,出现在 2011 年,最小值为 89.9 mm,出现在 1994 年;历时 24 h 最大降水量最大值为 212.9 mm,出现在 1995 年,最小值为 100.6 mm,出现在 1994 年。

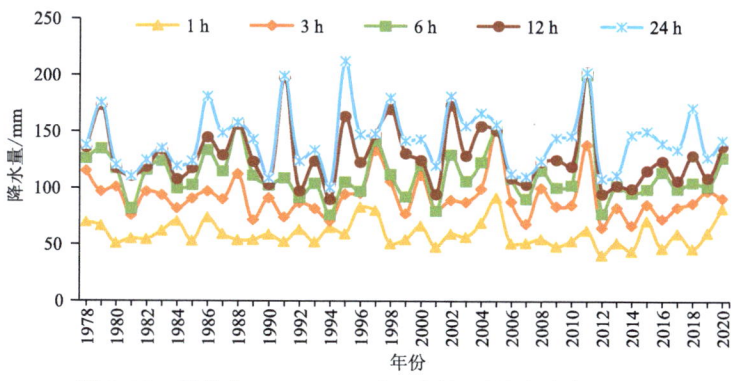

图 2.11 遵义市 1978—2020 年不同历时最大降水量变化

图 2.12 是遵义市 1978—2020 年不同历时最大降水量空间分布。从图中可以看出,遵义市历时 1 h 最大降水量整体为西南多,东北少,最大值为 91.7 mm,出现在仁怀,最小值为 56.5 mm,出现在务川;历时 3 h、6 h 最大降水量变化区间分别为 80.2(汇川)~151.1 mm(仁怀)、85.2(汇川)~200.4 mm(湄潭),总体来看,大值区位于遵义市的西南部和东南部地区;历时 12 h、24 h 最大降水量变化区间分别为 110.6(桐梓)~203.1 mm(湄潭)和 141.1(桐梓)~212.9 mm(遵义城市站),总体来看,大值区位于遵义市的西南部地区。

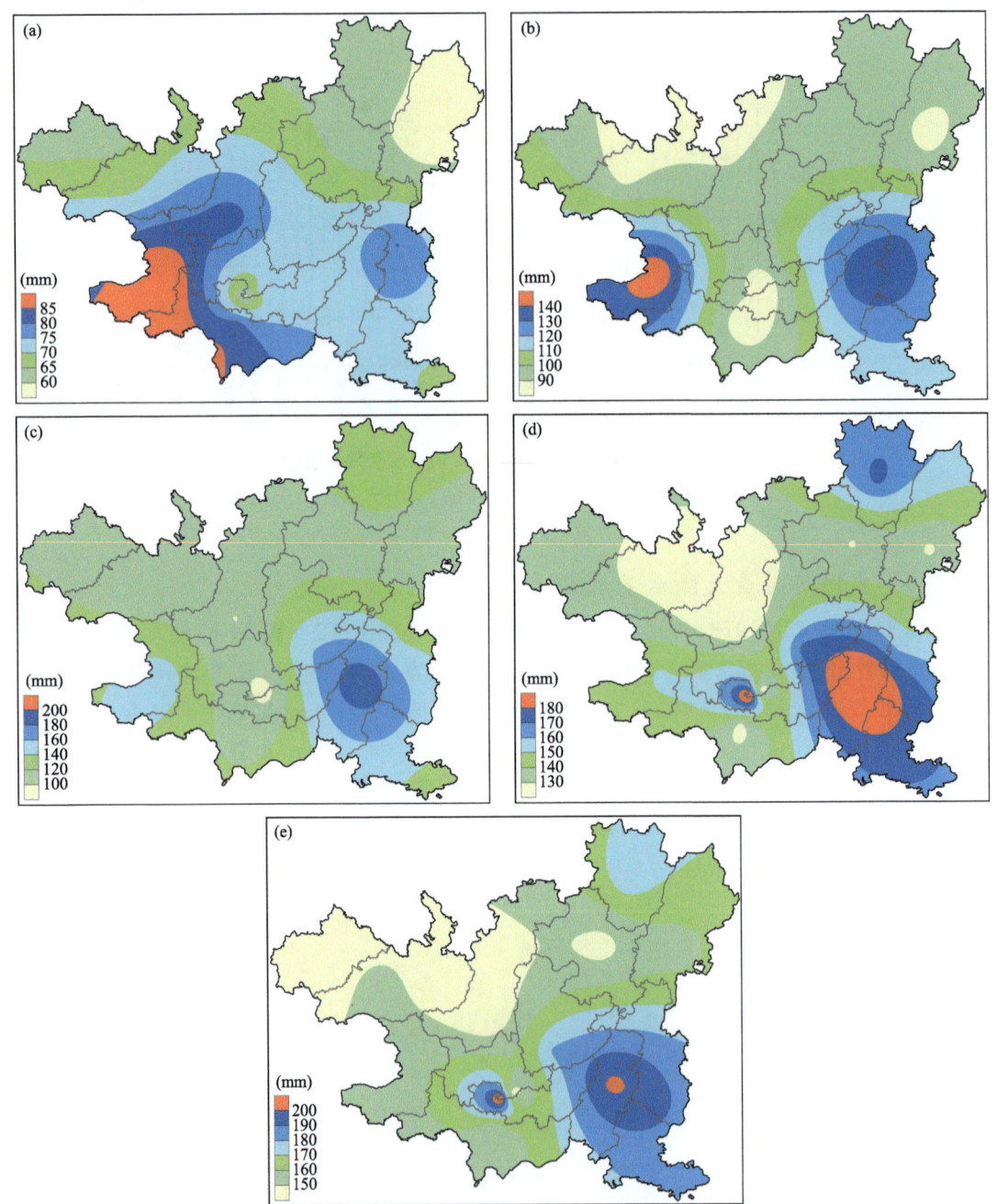

图 2.12 遵义市 1978—2020 年不同历时最大降水量空间分布
(a~e 分别表示历时为 1 h、3 h、6 h、12 h 和 24 h)

图2.13是遵义市1h最大降水量不同重现期空间分布。从图中可以看出,遵义市5 a、10 a、20 a、50 a和100 a一遇的1 h最大降水量总体呈自东南向北减少的趋势(41.7~50.3 mm、47.7~58.4 mm、53.4~66.2 mm、60.6~76.2 mm和65.9~83.7 mm),大值中心位于凤冈。

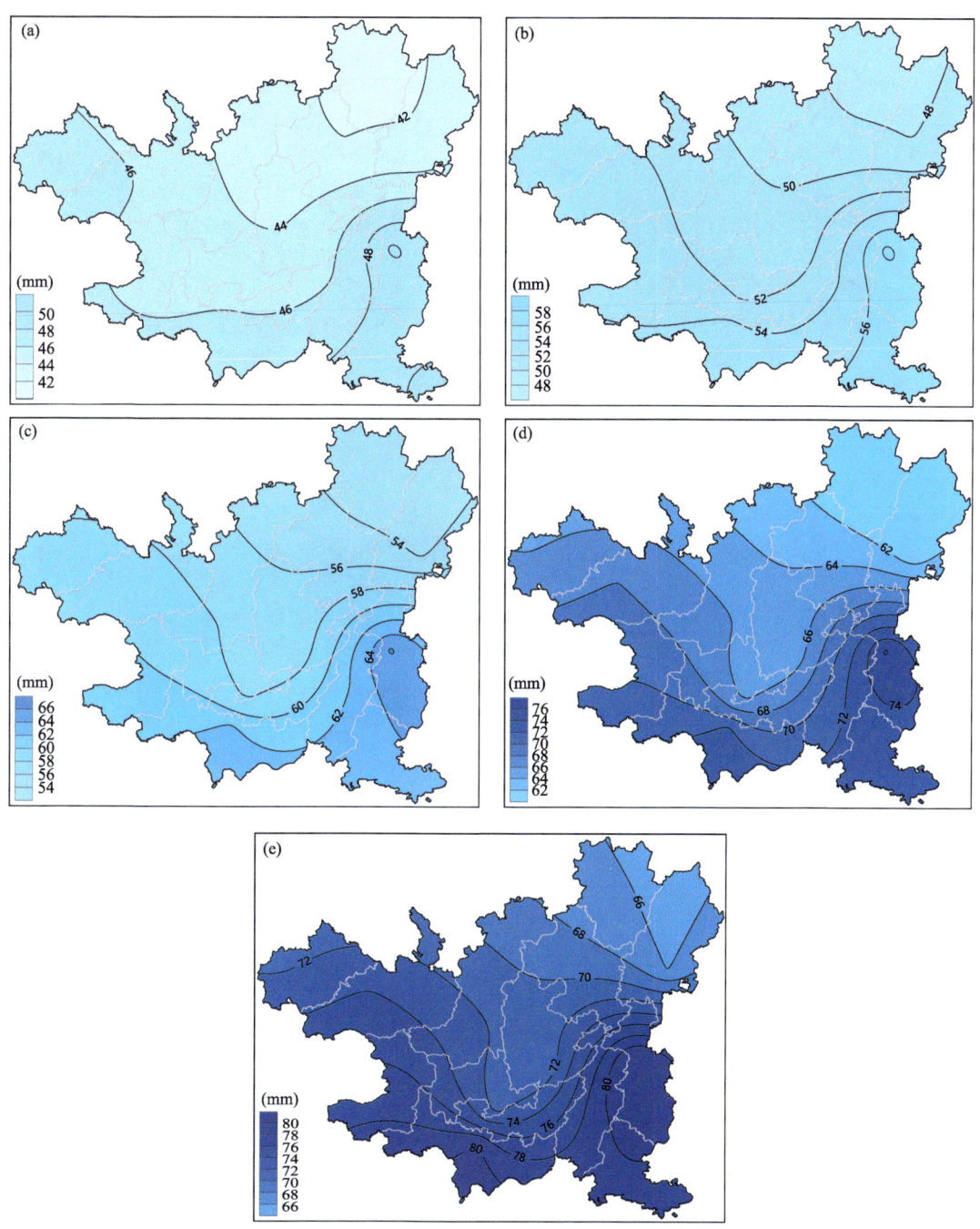

图2.13 遵义市1 h最大降水量不同重现期空间分布
(a~e分别表示重现期为5 a、10 a、20 a、50 a和100 a)

图 2.14 是遵义市 3 h 最大降水量不同重现期空间分布。从图中可以看出,遵义市 5 a、10 a、20 a、50 a 和 100 a 一遇的 3 h 最大降水量总体呈东西多、中部少的趋势(58.8～79.1 mm、65.7～91.6 mm、72.4～103.6 mm、80.9～119.1 mm 和 87.4～130.7 mm),两个大值中心分别位于仁怀和凤冈。

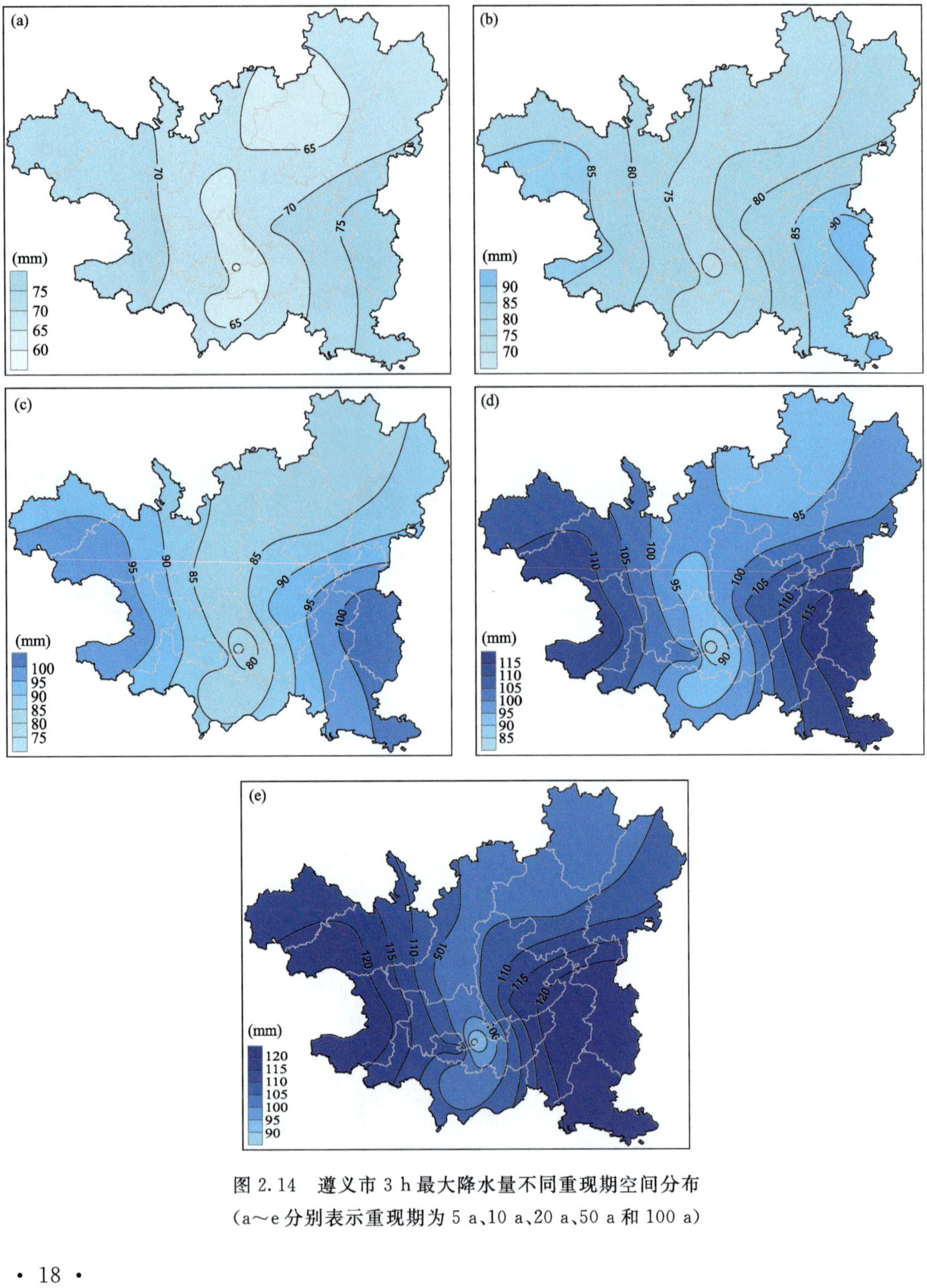

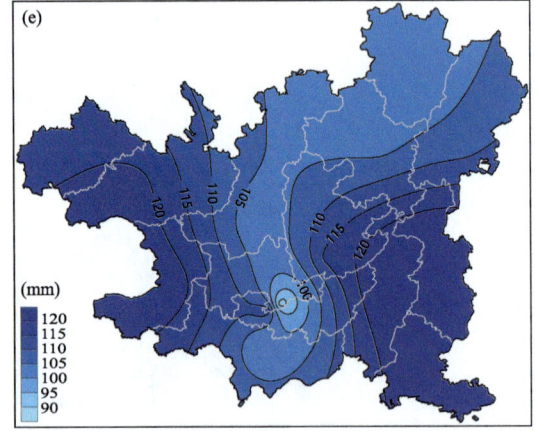

图 2.14 遵义市 3 h 最大降水量不同重现期空间分布
(a～e 分别表示重现期为 5 a、10 a、20 a、50 a 和 100 a)

图 2.15 是遵义市 6 h 最大降水量不同重现期空间分布。从图中可以看出,遵义市 5 a、10 a、20 a、50 a 和 100 a 一遇的 6 h 最大降水量总体呈东西多、中部少的趋势(68.1~94.2 mm、74.9~108.4 mm、81.4~124.8 mm、89.9~147 mm 和 96.2~163.7 mm),两个大值中心分别位于湄潭和习水。

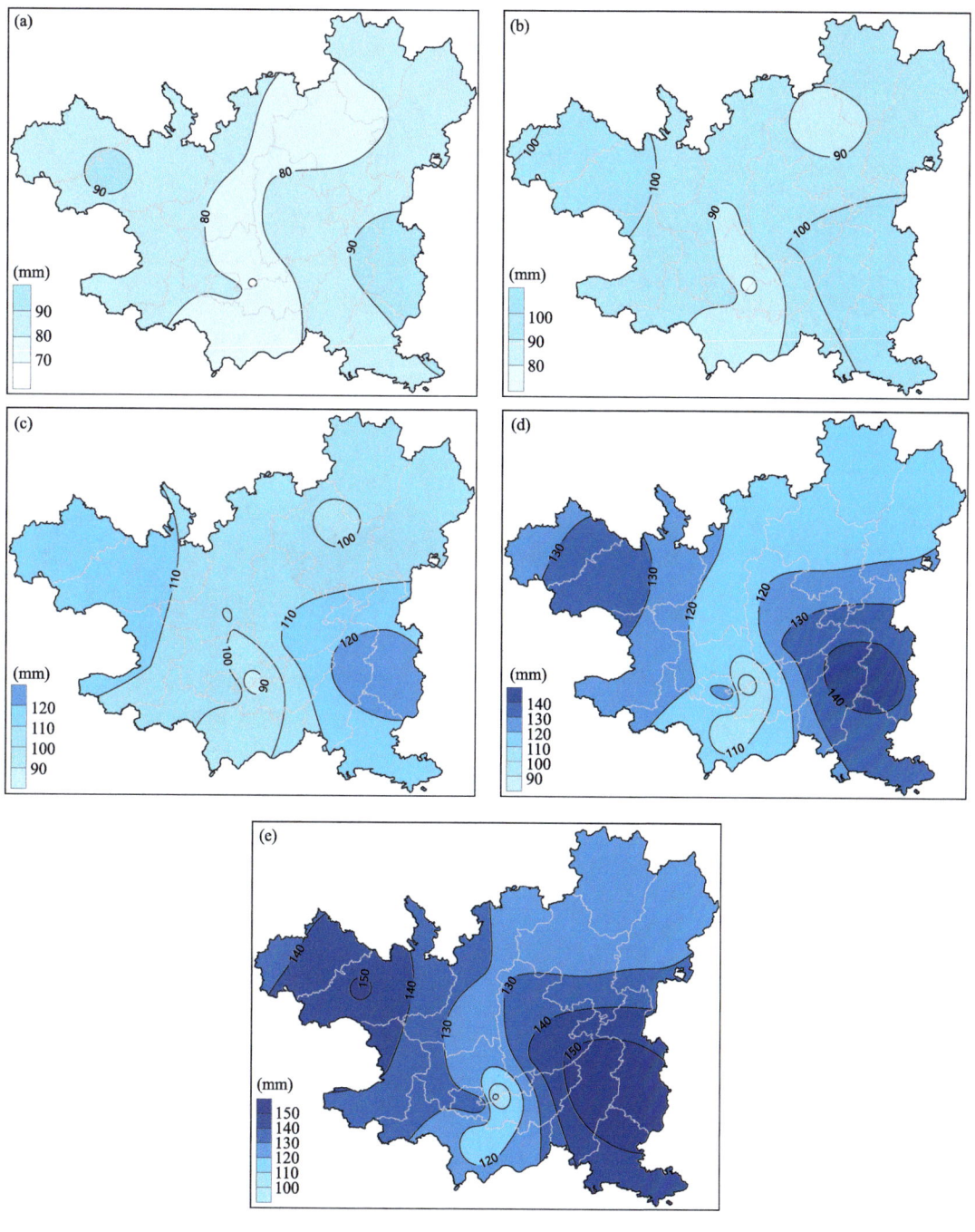

图 2.15　遵义市 6 h 最大降水量不同重现期空间分布
(a~e 分别表示重现期为 5 a、10 a、20 a、50 a 和 100 a)

图 2.16 是遵义市 12 h 最大降水量不同重现期空间分布。从图中可以看出,遵义市 5 a、10 a、20 a、50 a 和 100 a 一遇的 12 h 最大降水量总体呈东西多、中部少的趋势(86.5~109.1 mm、98.9~124.9 mm、110.7~140.1 mm、126.0~162.0 mm 和 137.5~179.5 mm),两个大值中心分别位于湄潭和习水。

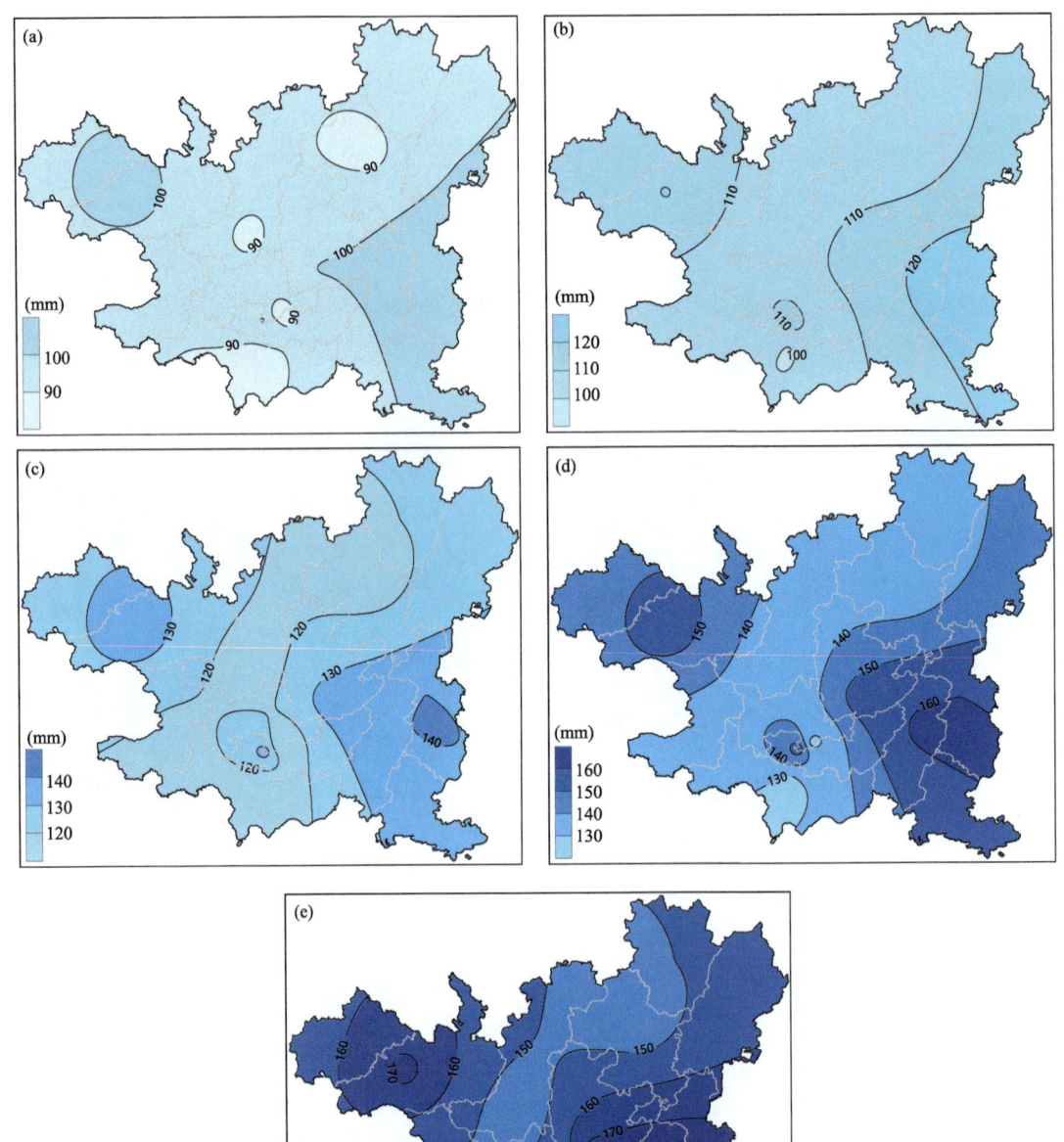

图 2.16　遵义市 12 h 最大降水量不同重现期空间分布
(a~e 分别表示重现期为 5 a、10 a、20 a、50 a 和 100 a)

图 2.17 是遵义市 24 h 最大降水量不同重现期空间分布。从图中可以看出,遵义市 5 a、10 a、20 a、50 a 和 100 a 一遇的 24 h 最大降水量总体呈东西多、中部少的趋势(95.9~122.3 mm、110.5~141.3 mm、124.6~159.5 mm、141.5~185.1 mm 和 154.2~204.7 mm),两个大值中心分别位于湄潭和习水。

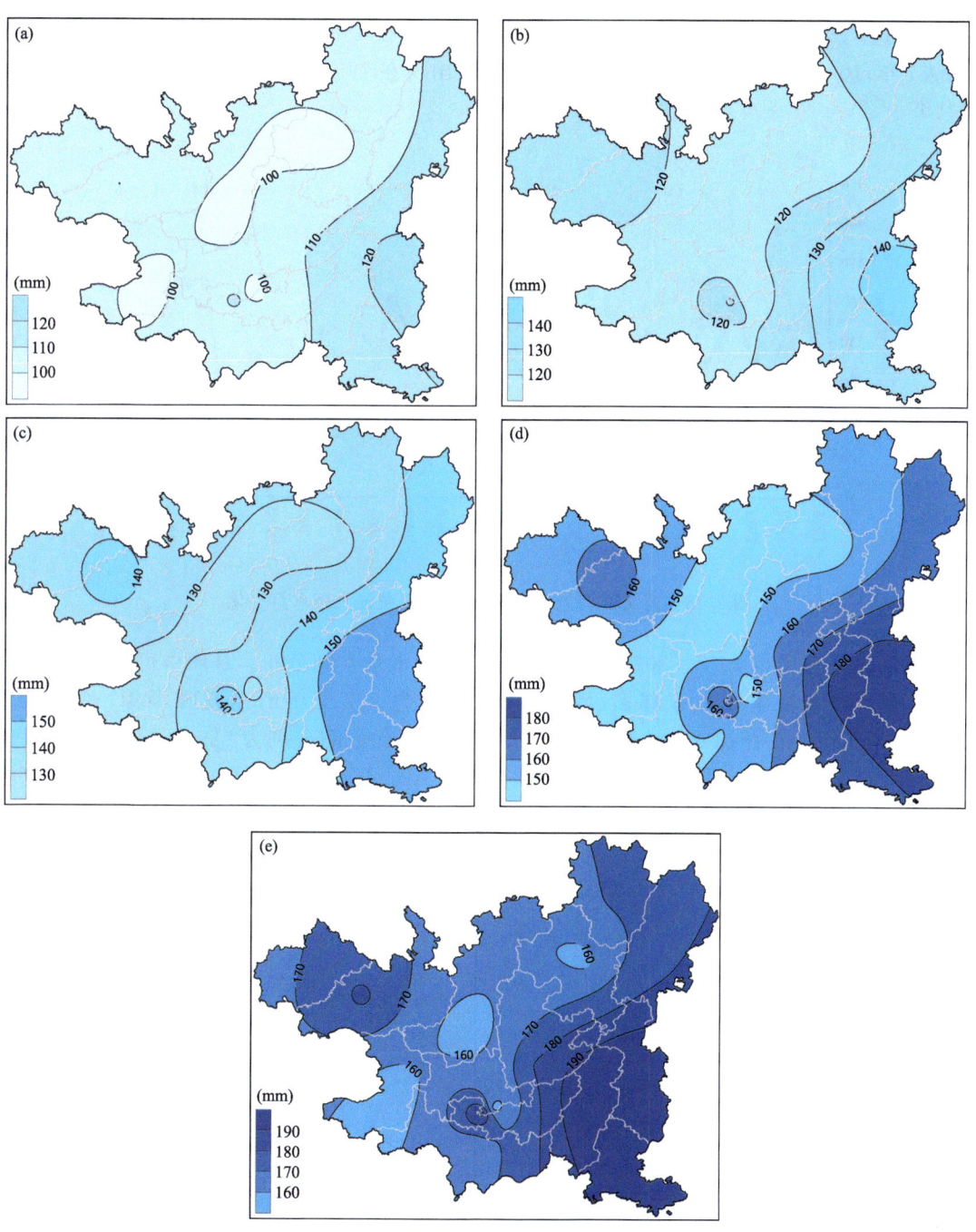

图 2.17 遵义市 24 h 最大降水量不同重现期空间分布
(a~e 分别表示重现期为 5 a、10 a、20 a、50 a 和 100 a)

## 2.4.5.2 不同日数最大降水量

图 2.18 是遵义市 1978—2020 年不同日数（1 d、3 d、5 d 和 10 d）最大降水量变化。从图中可以看出，遵义市 1 d 最大降水量最大值为 192.7 mm，出现在 2011 年，最小值为 88.4 mm，出现在 2001 年；3 d 最大降水量最大值为 295.2 mm，出现在 2014 年，最小值为 115.1 mm，出现在 1981 年；5 d 最大降水量最大值为 364.5 mm，出现在 1991 年，最小值为 129.3 mm，出现在 1981 年；10 d 最大降水量最大值为 426.1 mm，出现在 1991 年，最小值为 186 mm，出现在 2001 年。

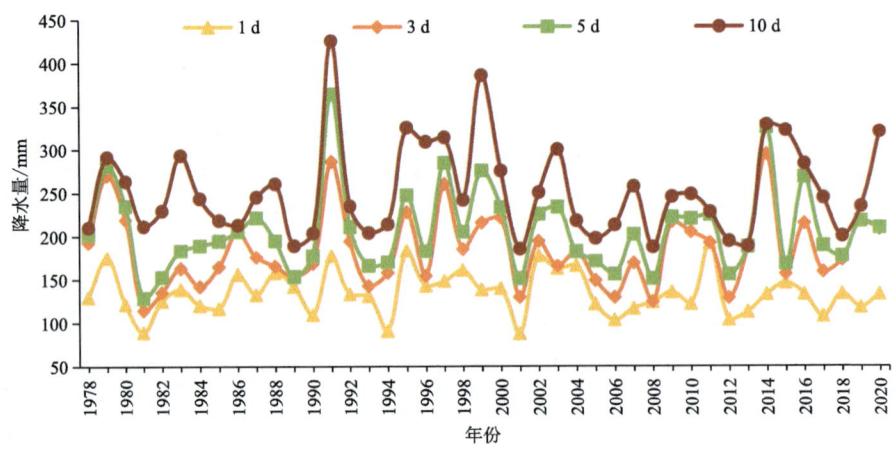

图 2.18　遵义市 1978—2020 年不同日数最大降水量变化

图 2.19 是遵义市 1978—2020 年不同日数最大降水量空间分布。从图中可以看出，遵义市 1 d 最大降水量整体为东部多，西部少，最大值为 192.7 mm，出现在湄潭，最小值为 120.9 mm，出现在仁怀；3 d、5 d 和 10 d 最大降水量变化区间分别为 159.3~295.2 mm（凤冈）、187.9~364.5 mm（遵义城市站）和 236.8~426.1 mm（遵义城市站），总体来看，大值区位于遵义市的东北部、东南部地区。

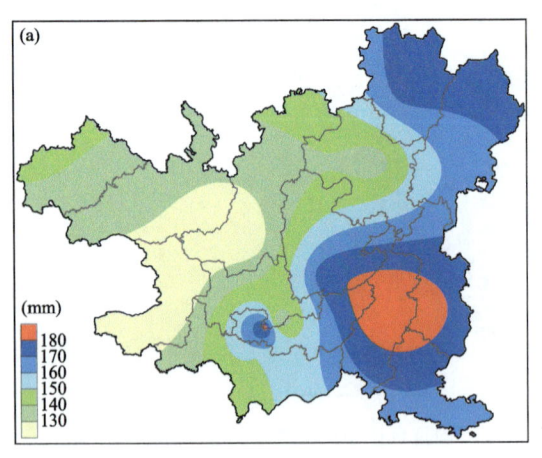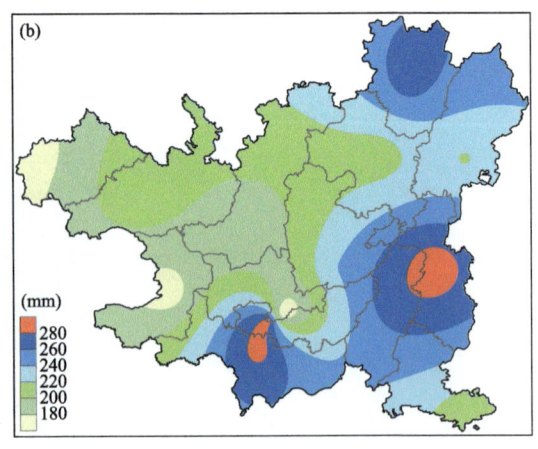

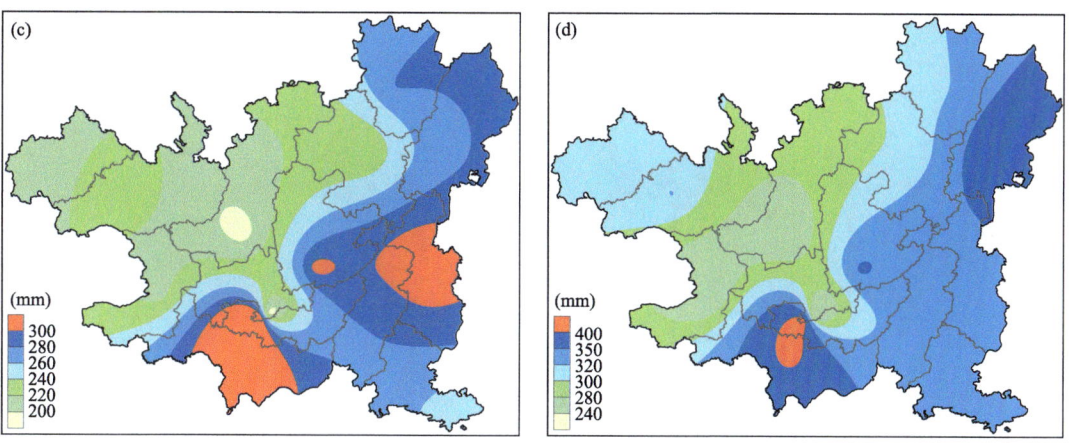

图 2.19 遵义市 1978—2020 年不同日数最大降水量空间分布
(a~d 分别表示为 1 d、3 d、5 d 和 10 d)

图 2.20 是遵义市 1 d 最大降水量不同重现期空间分布。从图中可以看出,遵义市 5 a、10 a、20 a、50 a 和 100 a 一遇的 1 d 最大降水量总体呈东西多、中间少的趋势(84.8~120.5 mm、96.2~143.8 mm、107.1~166.1 mm、121.3~195 mm 和 131.9~216.7 mm),两个大值中心分别位于赤水和湄潭。

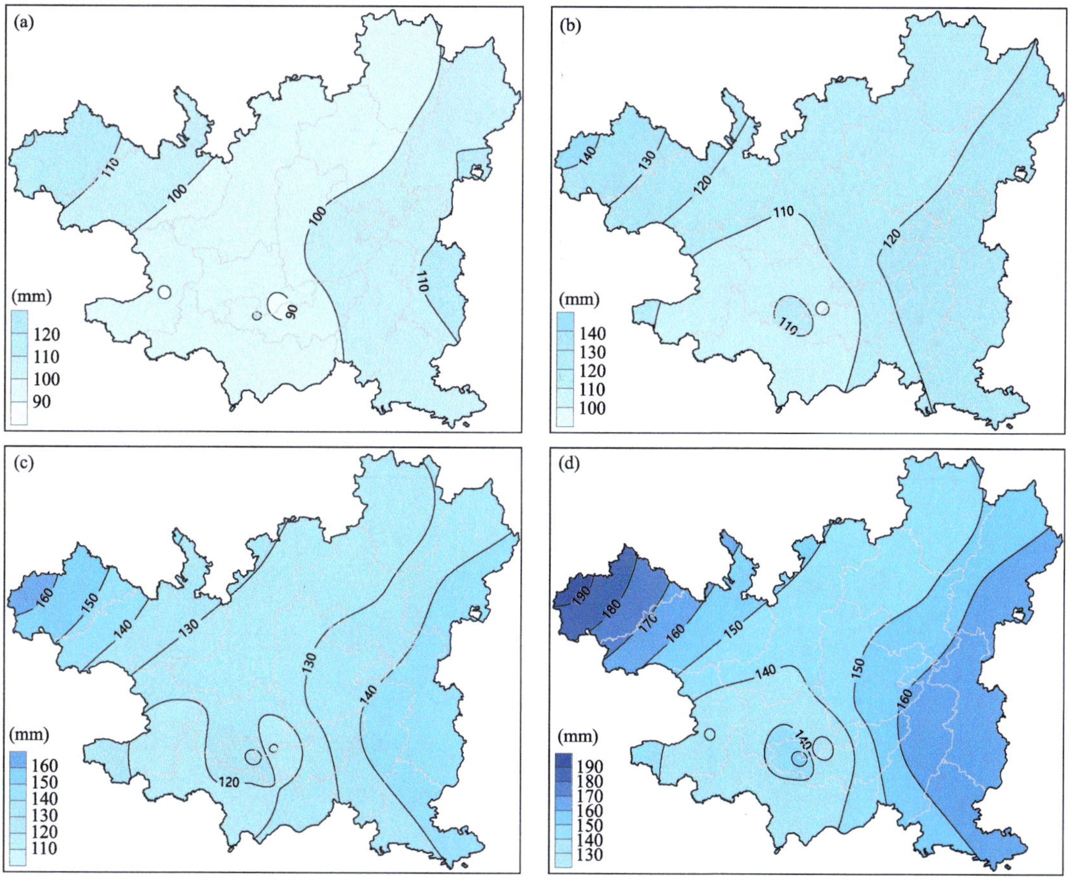

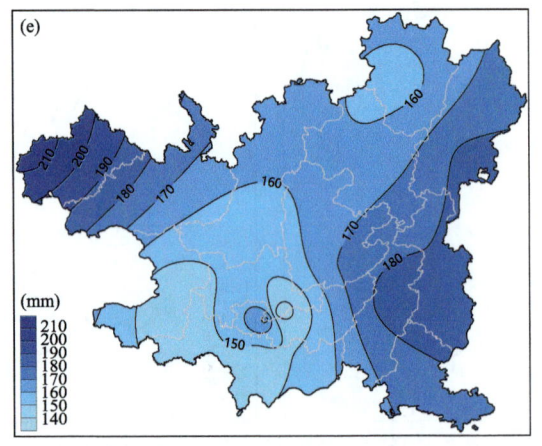

图 2.20 遵义市 1 d 最大降水量不同重现期空间分布
（a～e 分别表示重现期为 5 a、10 a、20 a、50 a 和 100 a）

图 2.21 是遵义市 3 d 最大降水量不同重现期空间分布。从图中可以看出，遵义市 5 a、10 a、20 a、50 a 和 100 a 一遇的 3 d 最大降水量总体呈东西多、中间少的趋势（118.6～163.3 mm、135.8～191.9 mm、152.4～219.4 mm、173.8～254.9 mm 和 189.9～281.5 mm），3 个大值中心分别位于赤水、遵义城市站和凤冈。

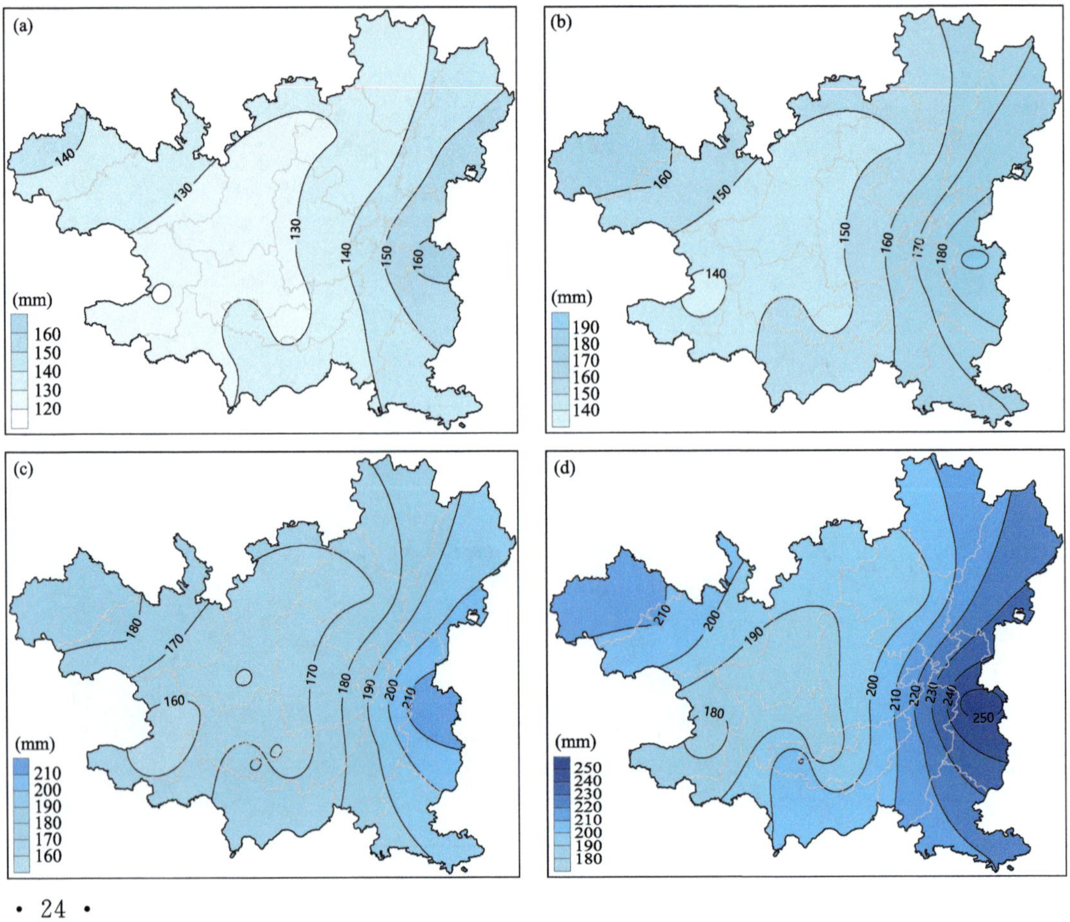

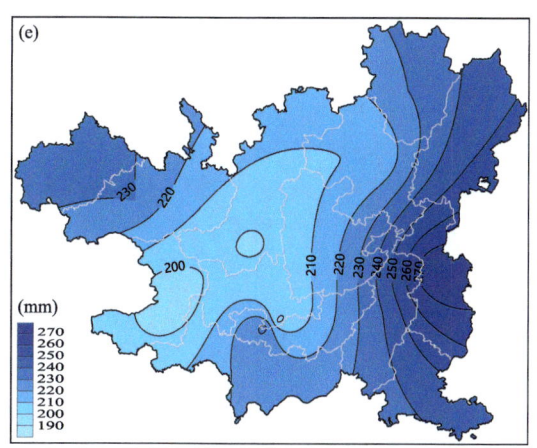

图 2.21 遵义市 3 d 最大降水量不同重现期空间分布
(a~e 分别表示重现期为 5 a、10 a、20 a、50 a 和 100 a)

图 2.22 是遵义市 5 d 最大降水量不同重现期空间分布。从图中可以看出,遵义市 5 a、10 a、20 a、50 a 和 100 a 一遇的 5 d 最大降水量总体呈东西多、中间少的趋势(140.3~188.3 mm、160.8~219 mm、180.5~248.4 mm、205.0~286.5 mm 和 223.0~315.1 mm),3 个大值中心分别位于赤水、遵义城市站和凤冈。

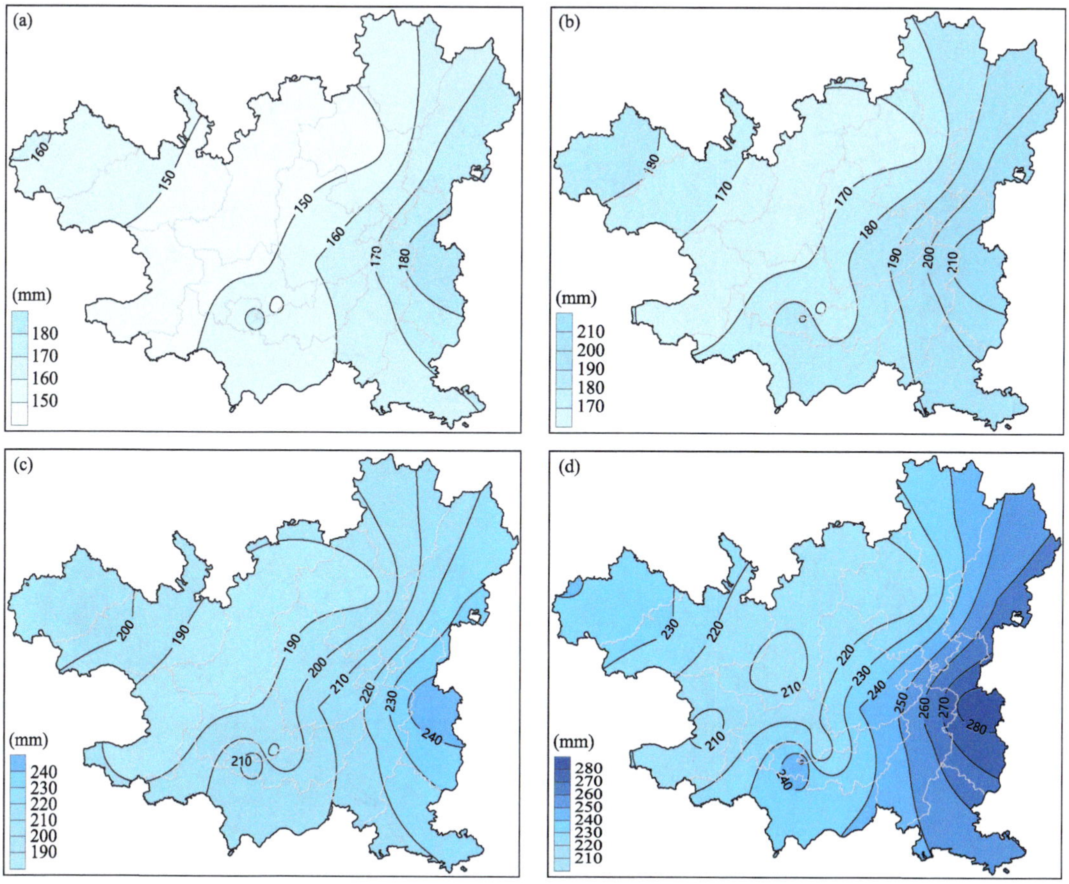

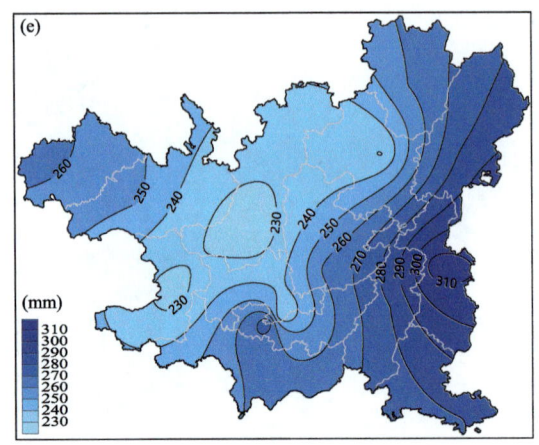

图 2.22 遵义市 5 d 最大降水量不同重现期空间分布
（a～e 分别表示重现期为 5 a、10 a、20 a、50 a 和 100 a）

图 2.23 是遵义市 10 d 最大降水量不同重现期空间分布。从图中可以看出，遵义市 5 a、10 a、20 a、50 a 和 100 a 一遇的 10 d 最大降水量总体呈东西多、中间少的趋势（184.8～234.3 mm、207.4～270.5 mm、228.6～305.3 mm、256.1～350.3 mm 和 276.7～384.0 mm），3 个大值中心分别位于赤水、遵义城市站和务川。

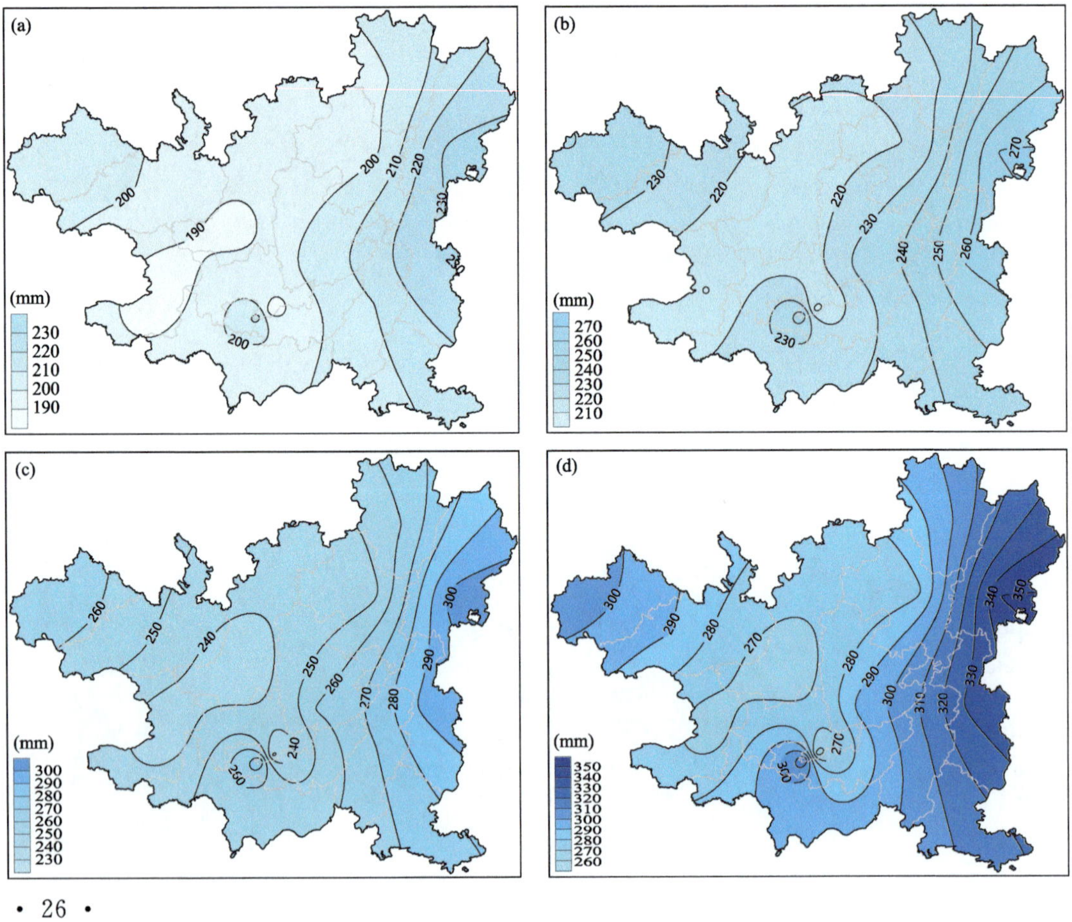

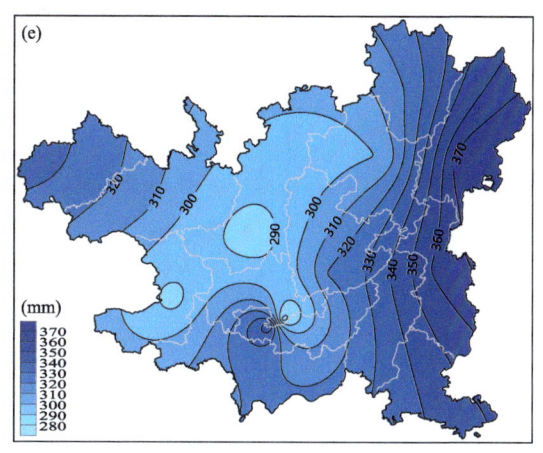

图 2.23 遵义市 10 d 最大降水量不同重现期空间分布
（a～e 分别表示重现期为 5 a、10 a、20 a、50 a 和 100 a）

## 2.5 致灾危险性评估与区划

### 2.5.1 致灾危险性气象站点及权重

遵义市辖区暴雨强度过程计算的气象站点共计 266 个，其中，国家级地面气象站 14 个，区域自动气象站 252 个（图 2.24）。图 2.25 为各站暴雨持续天数、过程累积降水量、最大日降水量、最大小时降水量 4 个致灾因子指标的权重取值分布情况；图 2.26 为各站暴雨持续天数、过程累积降水量、最大日降水量 3 个致灾因子指标的权重取值空间分布。

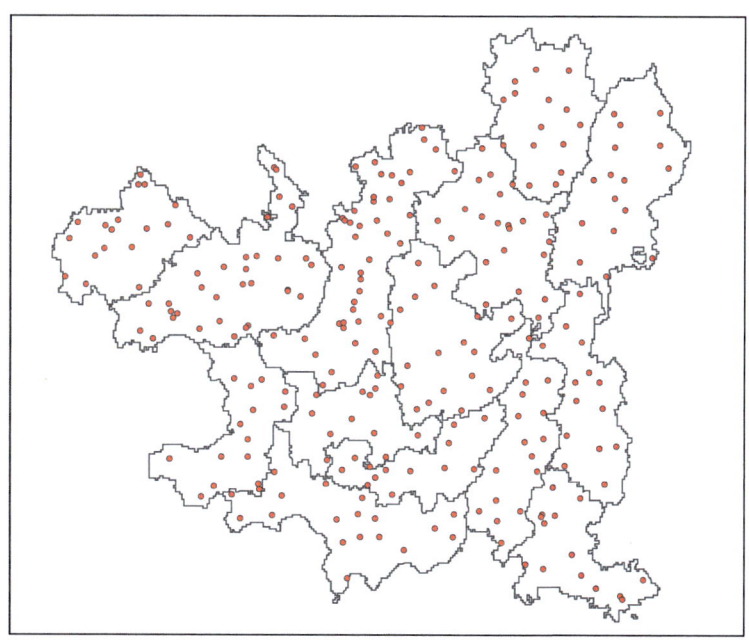

图 2.24 遵义市暴雨致灾危险性气象站点空间分布

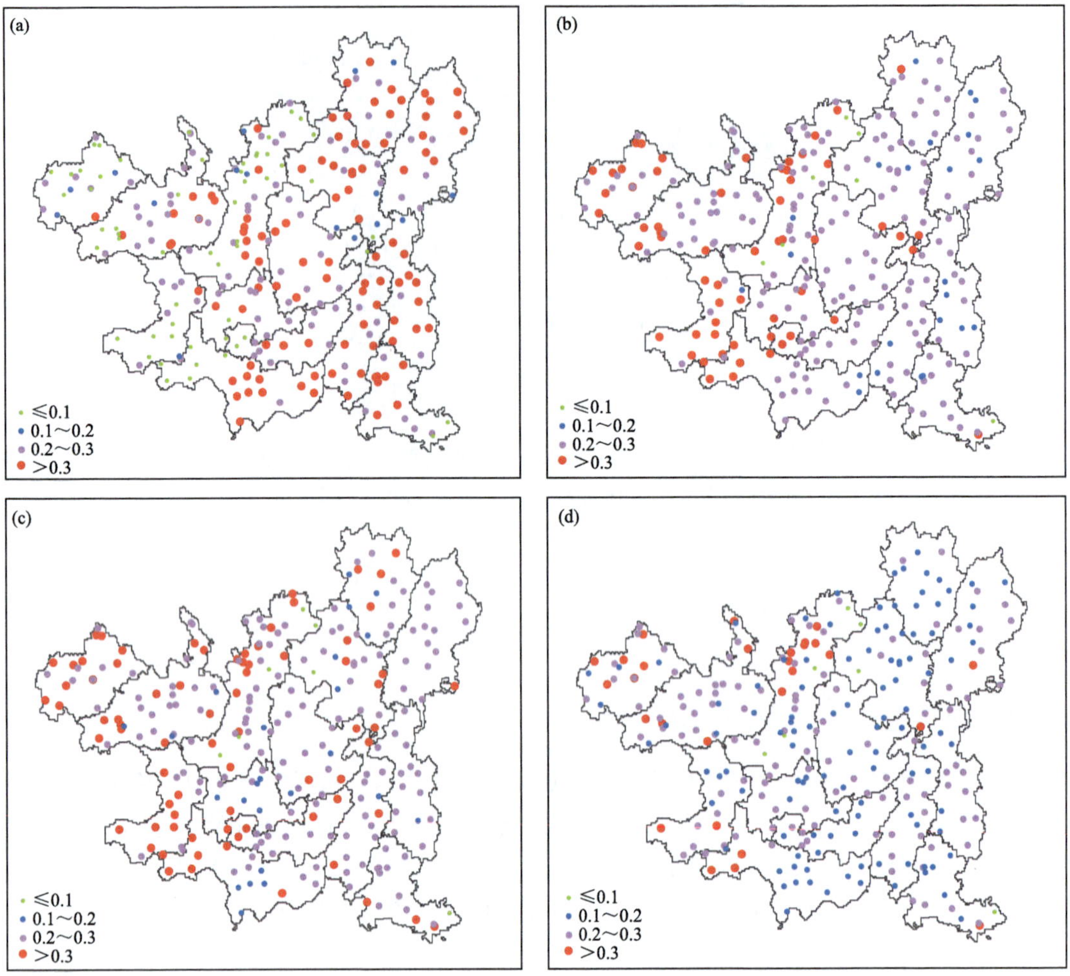

图 2.25　遵义市暴雨持续天数(a)、过程累积降水量(b)、最大日降水量(c)、最大小时降水量(d)权重系数空间分布

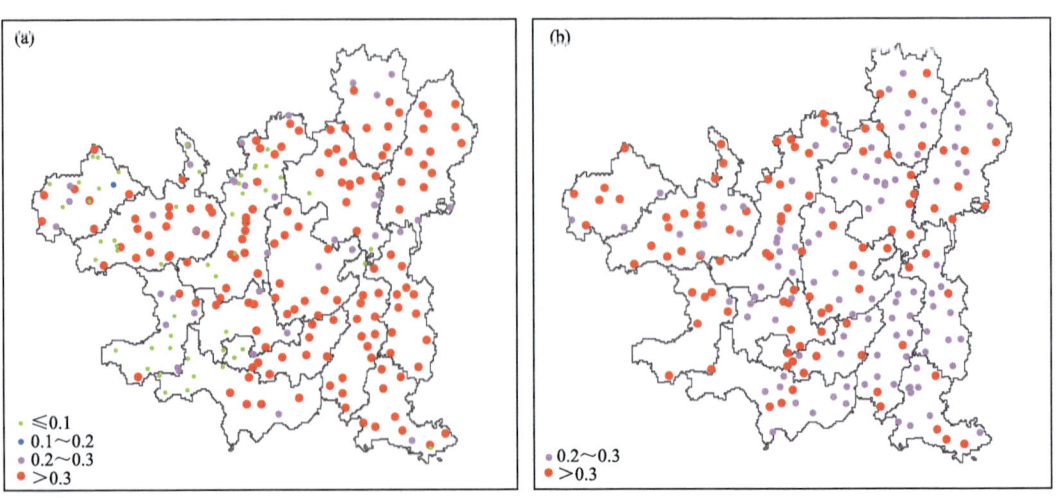

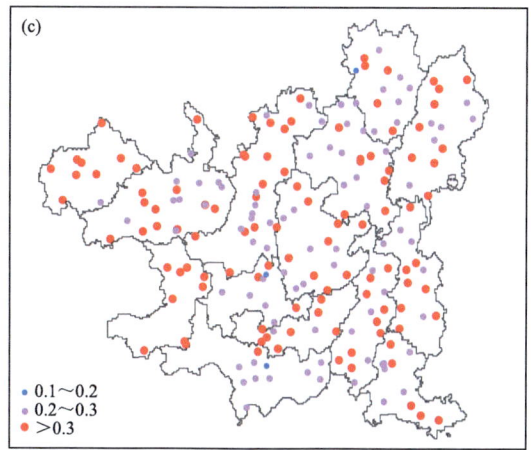

图 2.26　遵义市暴雨持续天数(a)、过程累积降水量(b)、最大日降水量(c)权重系数空间分布

## 2.5.2　雨涝指数

根据单站的雨涝指数,利用 ArcGIS 的地统计模块进行插值,经交叉验证后优选 Kriging (克里金)内插方法。从图 2.27 来看,遵义市雨涝指数呈北部大南部小的分布趋势,高值区主要分布在赤水市和务川县大部、桐梓县北部以及习水县北部局地;低值区主要分布在播州区、红花岗、汇川区局地。

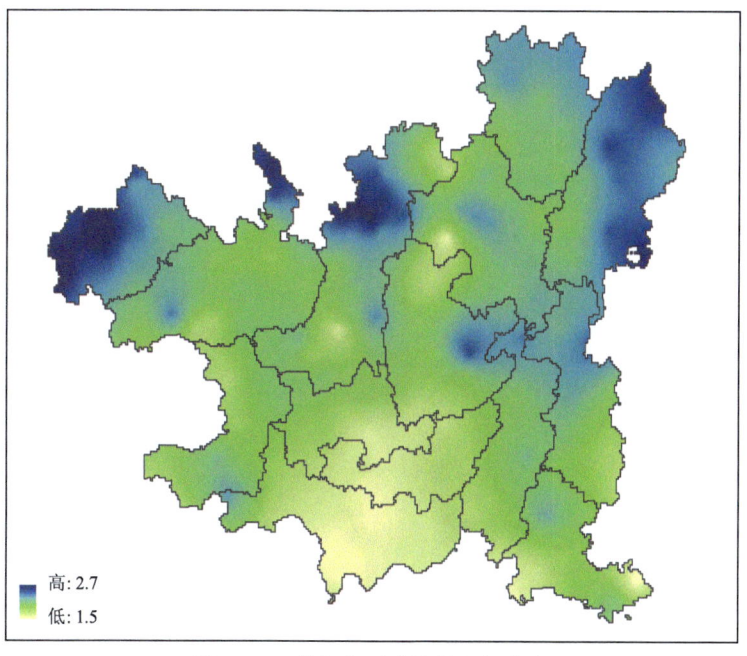

图 2.27　遵义市雨涝指数空间分布

## 2.5.3　孕灾环境影响系数

按照相关的计算方法,得到遵义市地形因子影响系数、水系因子影响系数空间分布图。从

图 2.28 和图 2.29 来看,遵义市地形因子影响系数呈南高北低的分布趋势。水系因子影响系数呈河流湖泊等水系附近高,其余地区低的分布。地质灾害易发条件系数除赤水市、习水县、道真县、桐梓县大部、仁怀市北部为 0.9 外,其余大部地区为 0.6。

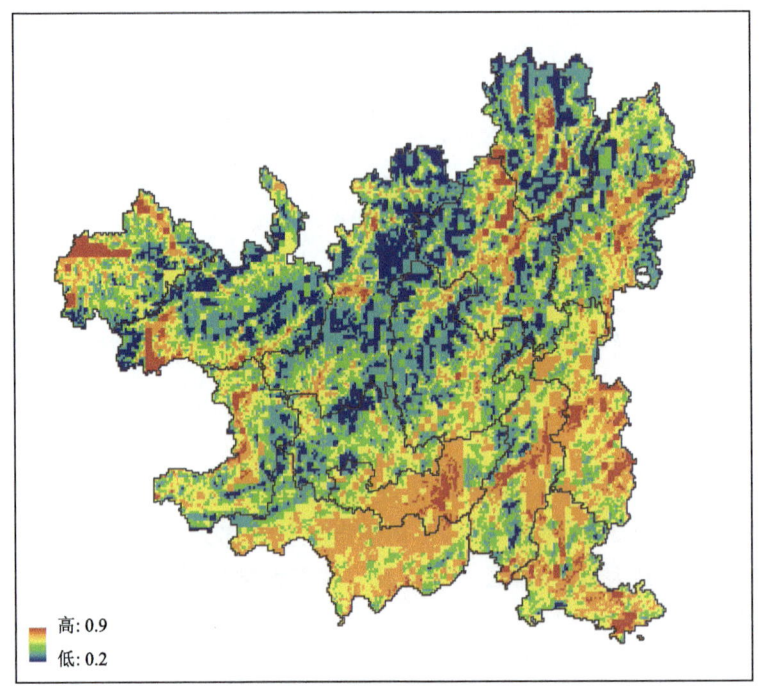

图 2.28 遵义市地形因子影响系数空间分布

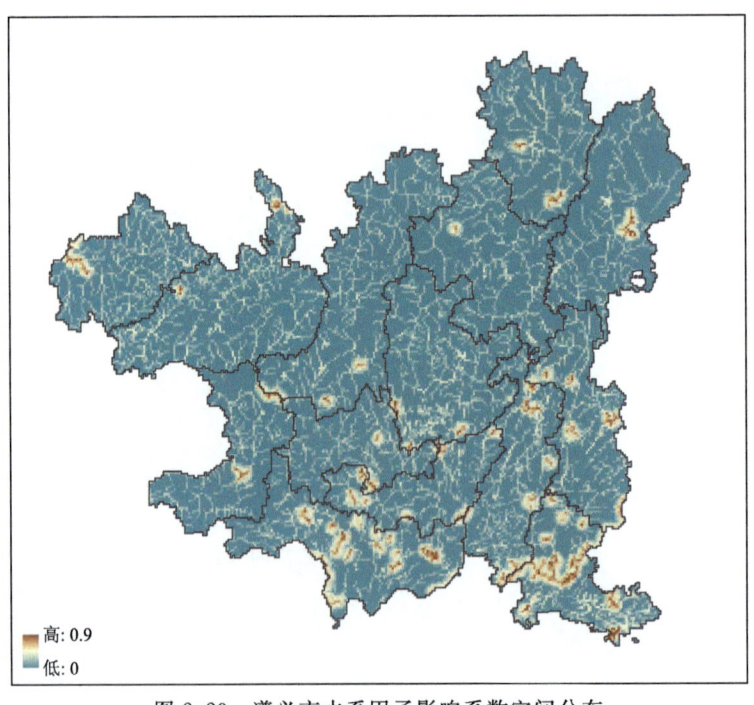

图 2.29 遵义市水系因子影响系数空间分布

按照孕灾环境影响系数的计算方法,利用信息熵赋权法,对地形因子、水系因子和地质灾害易发条件分别赋值 0.358、0.297、0.345,常数取值 0.4。结合 3 个孕灾环境的影响,得到遵义市暴雨孕灾环境影响系数分布图(图 2.30),高值区主要分布在遵义市西北部、北部以及南部局地;低值区主要在中部。

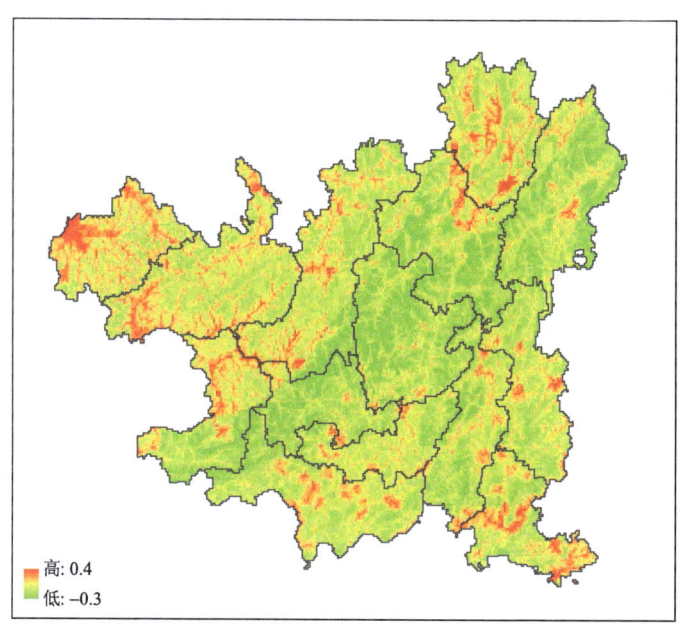

图 2.30　遵义市暴雨孕灾环境影响系数空间分布

## 2.5.4　致灾危险性区划

遵义市暴雨危险性等级相对全省属于较低等级,从遵义市暴雨致灾危险性区划空间分布来看(图 2.31),总体呈四周高中部低的分布趋势。赤水市西部和北部、习水县北部和西部局地、桐梓县西北部、道真县北部局地和南部局地、务川县北部与中南部、凤冈县局部、绥阳县局部危险性等级为高等级;赤水市大部、习水县中部偏西、桐梓县北部、正安县东北部、道真县大部、务川县中东部、绥阳县东部局地、湄潭县北部和东部、凤冈县北部、余庆县北部和南部局地危险性等级为较高等级;正安县西部局部、绥阳县中西部、汇川区大部、红花岗区大部、播州区大部、湄潭县西南部、余庆县西南部危险性等级为低等级;其余地区危险性等级为较低等级。

## 2.6　风险评估与区划

### 2.6.1　GDP 风险评估

由于收集到的相关灾损资料不完整,仅结合 GDP 归一化值与暴雨危险性指数进行等权指数求积。从遵义市暴雨灾害 GDP 风险区划空间分布来看(图 2.32),遵义市行政中心、仁怀市中部局地、正安县中部局地、赤水市西北部局地风险等级为高等级;道真县、务川县、习水县、桐梓县、绥阳县、凤冈县、湄潭县、余庆县中部局地、赤水市西北部局地风险等级为较高等级;仁怀

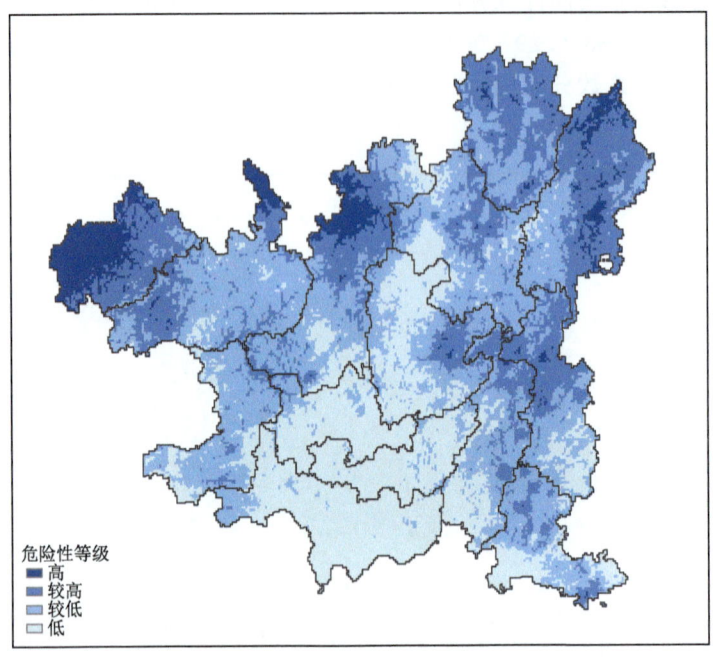

图 2.31 遵义市暴雨致灾危险性区划空间分布

市北部地区、播州区北部局地、红花岗区中部偏西局地、汇川区南部局地风险等级为中等级;其余地区风险等级为低—较低等级。

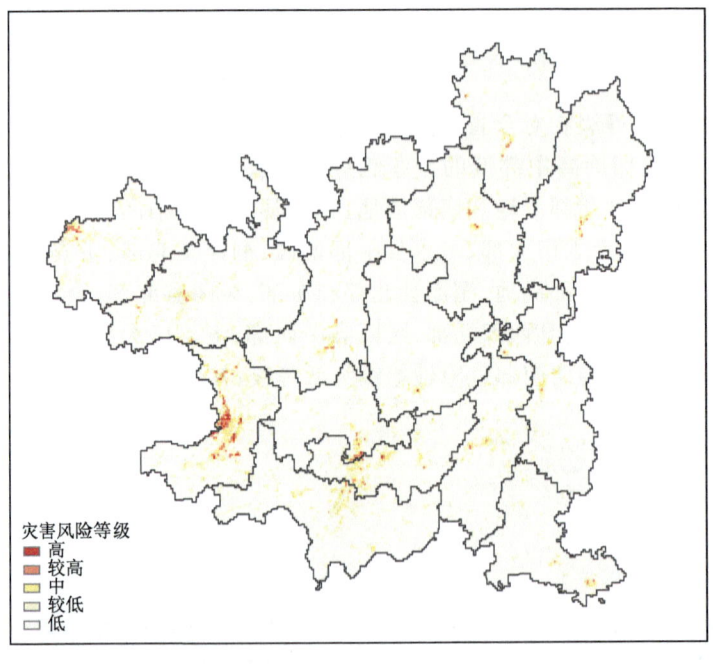

图 2.32 遵义市暴雨灾害 GDP 风险区划空间分布

## 2.6.2 人口风险评估

由于收集到的相关灾损资料不完整,仅结合人口数量归一化值与暴雨危险性指数进行等权指数求积。从遵义市暴雨灾害人口风险区划空间分布来看(图 2.33),遵义市大部分地区风险等级为低—较低等级,局地为中—高等级。遵义市行政中心和务川县中南部局地、道真县中部局地、正安县北部局地、习水县中西部局地、赤水市西北部局地、桐梓县南部局地、仁怀市中部局地、绥阳县南部局地、湄潭县中部局地、凤冈县西部局地、余庆县北部与南部局地风险等级为较高—高等级;习水县、正安县、道真县、务川县、仁怀市、播州区、红花岗区、凤冈县、余庆县大部分地区和赤水市北部、桐梓县西部、绥阳县南部、湄潭县中北部、汇川区东部地区风险等级为较低—中等级;其余地区风险等级为低等级。

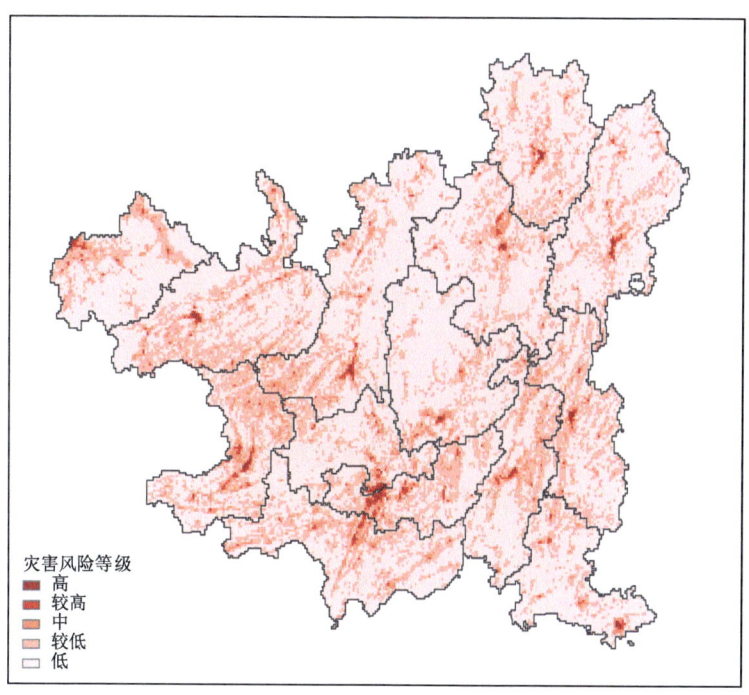

图 2.33 遵义市暴雨灾害人口风险区划空间分布

## 2.6.3 玉米风险评估

根据玉米的生育期,主要针对3—9月的暴雨过程强度进行统计和计算,得到玉米暴雨致灾危险性指数,由于收集到的相关灾损资料不完整,仅结合玉米种植面积归一化值与暴雨危险性指数进行等权指数求积。

从遵义市暴雨灾害玉米风险区划空间分布来看(图 2.34),遵义市大部分地区风险等级为较低—较高等级,东部、北部局地风险等级为中—较高等级。其中,红花岗东北部、汇川区北部局地风险等级为高等级;赤水市、习水县、桐梓县、绥阳县、正安县、道真县、务川县、仁怀市、湄潭县、凤冈县、余庆县大部分地区和汇川区西部与东北部局地、播州区局地、红花岗区东部局地风险等级为较低—较高等级;其余地区风险等级为低等级。

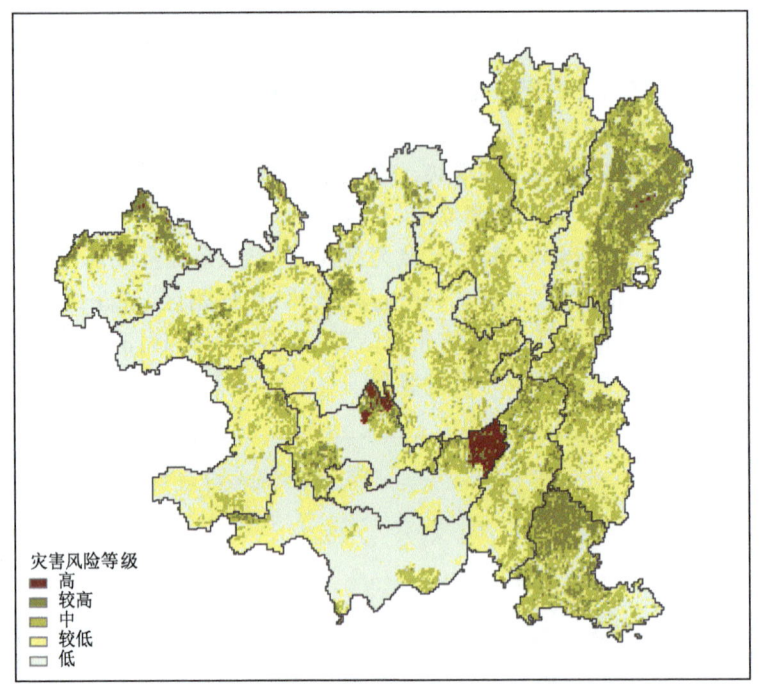

图 2.34　遵义市暴雨灾害玉米风险区划空间分布

### 2.6.4　水稻风险评估

根据水稻的生育期,主要针对 4—10 月的暴雨过程强度进行统计和计算,得到水稻暴雨致灾危险性指数,由于收集到的相关灾损资料不完整,仅结合水稻种植面积归一化值与暴雨危险性指数进行等权指数求积。

从遵义市暴雨灾害水稻风险区划空间分布来看(图 2.35),总体呈东南高,其余地区低的分布趋势。习水县北部局地、桐梓县北部与西南部局地、仁怀市东北部与西南部局地、汇川区西北部局地、绥阳县局地、正安县中部局地、道真县局地、务川县中北部局地、红花岗区东北部局地、播州区西部与东部局地、湄潭县中北部部分地区、凤冈县中北部局地、余庆县北部与东南部局地风险等级为高等级;赤水市、习水县、桐梓县、绥阳县、正安县、道真县、务川县、播州区、汇川区、湄潭县、凤冈县、余庆县大部分地区和仁怀市西部、红花岗区东部风险等级为较低—较高等级;其余地区风险等级为低等级。

## 2.7　总结

1978—2020 年,遵义市多年平均年降水量为 1085.2 mm;多年平均月降水量 5—9 月较多,多年平均降水量整体为中部少、东西多;多年平均年最大连续降水量为 220.8 mm,整体为西北部少,其余大部地区多;多年平均暴雨日数为 2.6 d;多年平均月暴雨日数 6 月和 7 月最多,整体为西部少、东部多;多年平均暴雨初日为 4 月 27 日,终日为 9 月 30 日。遵义市不同历时最大降水量大值区主要位于遵义市的西南部地区,5 a、10 a、20 a、50 a 和 100 a 一遇(重现期)的最

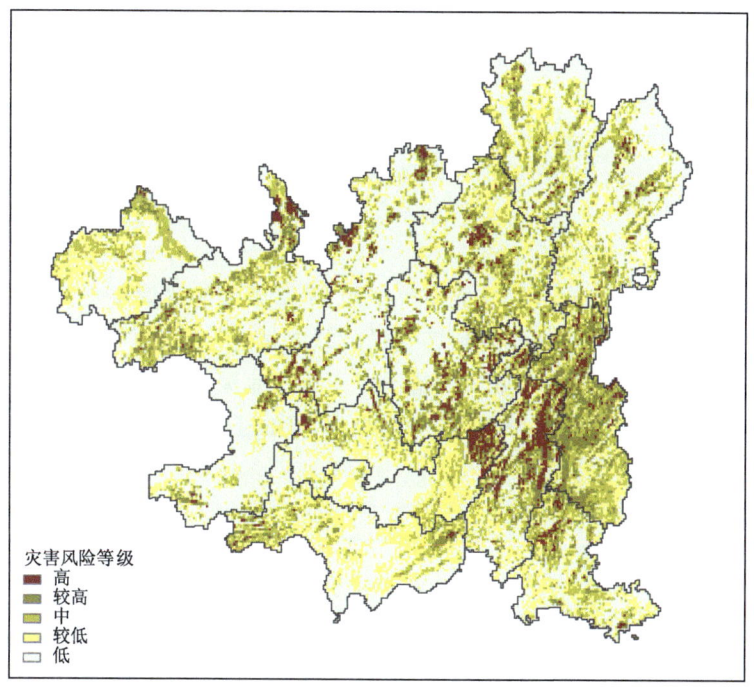

图 2.35 遵义市暴雨灾害水稻风险区划空间分布

大降水量总体呈东西多、中部少的分布趋势;不同日数最大降水量大值区总体位于遵义市的东北部、东南部地区,5 a、10 a、20 a、50 a 和 100 a 一遇(重现期)的日最大降水量总体呈东西多、中间少的分布趋势。

遵义市暴雨危险性等级相对全省属于较低等级,危险性分布总体呈四周高中部低的分布趋势。遵义市暴雨灾害 GDP 风险分布,大部分地区风险等级为低等级,局地为较低—高等级。遵义市暴雨灾害人口风险分布,大部分地区风险等级为低—较低等级,局地为中—高等级。遵义市暴雨灾害玉米风险分布,大部分地区风险等级为较低—较高等级。遵义市暴雨灾害水稻风险分布总体呈东南高四周低的分布趋势。

# 第 3 章　干　旱

干旱是一种因长期无雨或少雨，造成空气干燥、土壤缺水的气候现象。干旱在气象上有两种含义：一是干旱气候，即干旱、半干旱地区气候的基本情况；二是气候异常，即半湿润地区在某一时段降水量比多年平均值大大偏少的情况。干旱灾害是普遍性的自然灾害，长期的大范围干旱形成旱灾，将使农业大幅度减产，甚至无收，严重的还影响到工业生产、城市供水和生态环境，引起人畜饮水困难甚至死亡。

## 3.1　数据准备与处理

本章使用的资料为遵义市所辖县（市、区）14 个国家级地面气象站的气象干旱综合指数（MCI）、气温、降水逐日数据，时间为 1978—2020 年，数据来源为国家气候中心。

基础地理信息：包括县界、30″×30″网格。

有关名词定义如下：

干旱过程：单站或某一区域范围内持续一定时间的干旱。

累积干旱强度：表征干旱强度与持续时间的综合指标。

干旱过程强度：反映干旱过程持续时间、影响面积和干旱强度的综合指标。

干旱过程强度等级：按照干旱过程强度划分的等级。

## 3.2　干旱灾情统计

据不完全统计，2000—2020 年遵义市发生的干旱灾害共造成直接经济损失 121.94 亿元。其中，2011 年干旱灾害造成的直接经济损失最大，为 36.48 亿元（图 3.1）。

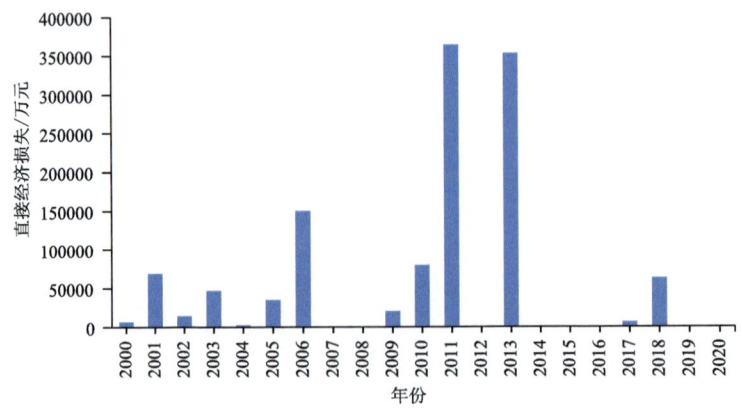

图 3.1　遵义市 2000—2020 年干旱灾害直接经济损失变化

## 3.3 技术方法

### 3.3.1 致灾因子选取

(1)干旱过程致灾因子

统计干旱过程降水量、降水距平百分率、最长连续无降水日数以及干旱过程总累积强度、干旱过程持续时间、干旱过程强度等。

(2)年尺度干旱致灾因子

统计年降水量及距平百分率、年干旱过程总累积强度及年干旱日数、不同等级的年干旱日数、年最长连续干旱日数、年最长干旱过程、强度及评估等级、年最强干旱过程、强度及评估等级、年干旱过程总次数等。

(3)针对农作物(小麦、玉米、水稻)干旱致灾因子统计

针对小麦、玉米、水稻3种农作物,各地根据实际种植情况,结合生育期及不同生育期阶段,基于干旱指标进行致灾因子统计。

### 3.3.2 致灾危险性评估技术方法

#### 3.3.2.1 致灾危险性指数确定

选择持续日数、降水量、降水距平百分率、最长连续无降水日数、累积干旱强度、最大累积干旱强度(过程干旱强度)等作为干旱危险性指标。基于选取的致灾因子,对其进行归一化处理,采用信息熵赋权法确定多指标的权重,进行综合分析,开展危险性评估。

$$H = \sum_{i=1}^{n} W_i X_i \tag{3.1}$$

式中,$H$ 为干旱危险性指数;$X_i$、$W_i$ 分别为危险性指标的标准化值和权重;$i$ 为危险性的第 $i$ 个指标;$n$ 为干旱危险性指标个数。

#### 3.3.2.2 致灾危险性分区

基于干旱致灾危险性指数,根据自然断点法,将干旱致灾危险性划分为高(Ⅰ)、较高(Ⅱ)、较低(Ⅲ)、低(Ⅳ)4个等级,按照行政区域绘制干旱危险性区域空间分布图。

### 3.3.3 风险评估技术方法

#### 3.3.3.1 暴露度指数

采用区域范围内人口、GDP、农作物(小麦、玉米、水稻)种植面积比例等作为评估指标来表征人口、经济、农作物等承灾体暴露度,以下式表示。

$$E = \frac{S_m}{S} \times 100\% \tag{3.2}$$

式中,$E$ 为承灾体暴露度指数;$S_m$、$S$ 分别为某区域内承灾体数量和总面积。小麦、玉米、水稻时,$S_m$、$S$ 指标为区域种植面积和耕地总面积,单位为公顷(hm²);人口、经济时,$S_m$、$S$ 指标为区域人口、GDP 和区域总面积。

#### 3.3.3.2 脆弱性指数

人口和经济干旱脆弱性用以下灾损率表示：

$$干旱直接经济损失率 = 干旱直接经济损失 / 区域GDP$$

$$干旱受灾人口率 = 干旱受灾人口 / 区域总人口$$

小麦、玉米、水稻的干旱脆弱性：

$$V = \sum_{i=1}^{n} X_{vi} W_{vi} \tag{3.3}$$

式中，$V$ 为干旱脆弱性指数；$X_{vi}$、$W_{vi}$ 为脆弱性指标的标准化值和权重，权重采用信息熵赋权法确定；$i$ 为脆弱性的第 $i$ 个指标；$n$ 为脆弱性指标的个数。

#### 3.3.3.3 干旱灾害风险评估

根据干旱灾害的成灾特征和风险评估的目的、用途，选择加权求积评估模型，权重确定方法采用信息熵赋权法。

加权求积评估模型如下：

$$RI = H \times E \times V / (1 + R) \tag{3.4}$$

式中，$RI$ 为干旱灾害风险评估指数；$H$ 为致灾因子危险性；$E$ 为承灾体暴露度；$V$ 为脆弱性；$R$ 为防灾减灾能力。

如无脆弱性和防灾减灾能力资料，可只对致灾危险性和承灾体暴露度进行加权求积，得到风险评估结果。

#### 3.3.3.4 干旱灾害风险分区

依据风险评估结果，结合行政单元，采用自然断点法，对风险评估结果进行空间划分，将干旱灾害风险划分为高（Ⅰ）、较高（Ⅱ）、中（Ⅲ）、较低（Ⅳ）、低（Ⅴ）5个等级。

## 3.4 致灾因子特征分析

通过对遵义市历年不同等级干旱日数、历年最长连续无降水日数、历年干旱过程次数等干旱的时间和空间特征分析，了解干旱的发生频次、强度，为进一步对危险性评估提供研究基础。

### 3.4.1 干旱日数

图3.2是遵义市1978—2020年不同等级干旱日数变化。从图中可以看出，1981年出现轻旱日数最多，为89.5 d；1988年、1991年、1994年、2008年和2012年出现轻旱日数均在70 d以上；1988年出现中旱日数最多，为65 d；1981年、1992年、2001年、2009年、2011年和2013年出现中旱日数均在40 d以上；2011年和2013年出现重旱日数均在30 d以上，其中，2011年最多，为37.7 d，1988年和2006年出现重旱日数均在20 d以上；2011年出现特旱日数最多，为28.5 d，1990年、2006年和2013年出现特旱日数均在10 d以上。遵义市1978—2020年多年平均干旱（轻旱及以上）日数为91 d，其中，1988年最多，为171 d；20世纪80年代中期至90年代初期和21世纪最初10年中期至10年代初期这两个时段年干旱日数超过多年均值。

图3.3是遵义市1978—2020年不同等级干旱日数空间分布。从图中可以看出，遵义市轻旱日数在42.5～57.3 d，空间分布是东北部重、西南部轻，自东北向西南逐渐减轻；中旱日数在

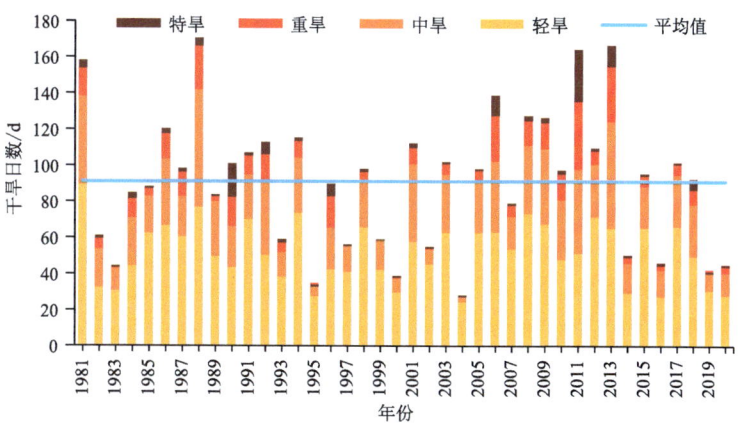

图 3.2 遵义市 1978—2020 年不同等级干旱日数变化

20.3~32.5 d,空间分布是东北部和中部重、西南部轻,自中部向西南逐渐减轻;重旱日数在 5.9~13.4 d,空间分布是中部重、西部轻,自中部向西逐渐减轻;特旱日数在 1.5~5.0 d,空间分布是中部重、西南部和东北部轻,自中部向西南、向东北逐渐减轻;干旱日数(轻旱及以上日数)在 74.6~105.0 d,空间分布是东北部和中部重、西南部轻,自中部向西南逐渐减轻。

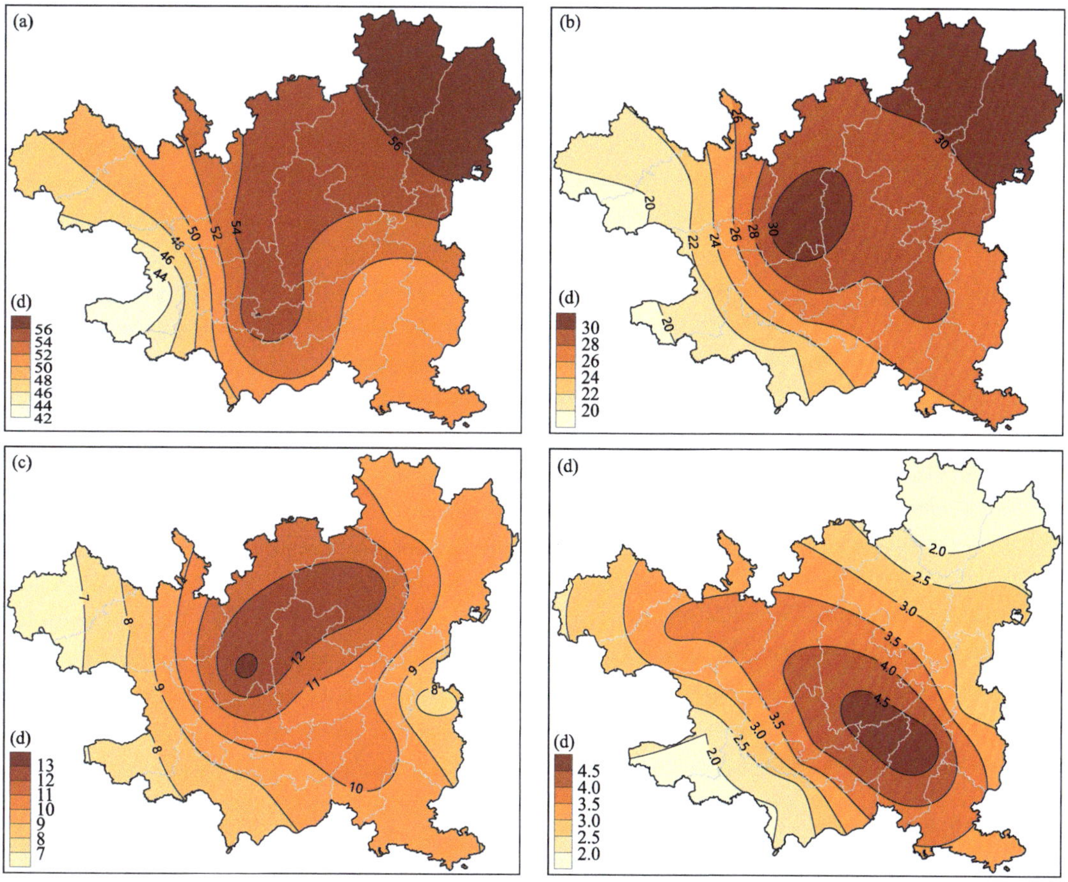

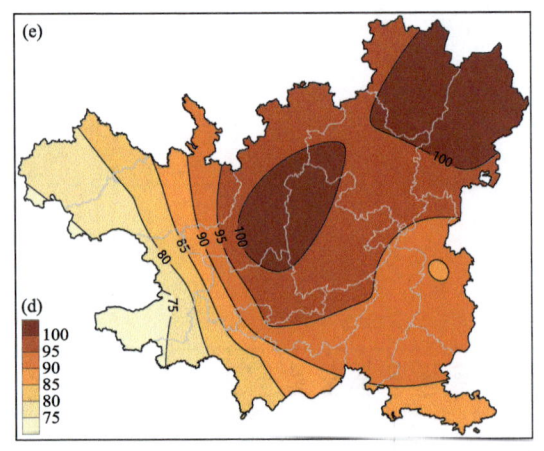

图 3.3 遵义市 1978—2020 年不同等级干旱日数空间分布
（a. 轻旱，b. 中旱，c. 重旱，d. 特旱，e. 轻旱及以上）

### 3.4.2 无降水日数

图 3.4 是遵义市 1978—2020 年平均无降水日数变化。从图中可以看出，遵义市年平均无降水日数呈略增加趋势；多年平均无降水日数为 189.3 d，其中，2013 年最多，为 219 d，2012 年最少，为 165 d。

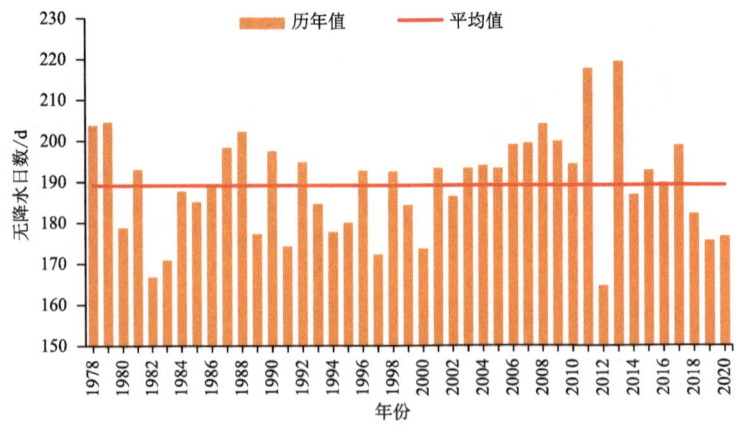

图 3.4 遵义市 1978—2020 年平均无降水日数变化

图 3.5 是遵义市 1978—2020 年平均无降水日数空间分布。从图中可以看出，遵义市平均无降水日数在 163.1～204.3 d；最低值出现在习水，为 163.1 d；最高值出现在道真，为 204.3 d。

### 3.4.3 最长连续无降水日数

图 3.6 是遵义市 1978—2020 年最长连续无降水日数变化。从图中可以看出，遵义市最长连续无降水日数呈略增加趋势；多年最长连续无降水日数平均为 20.6 d，其中，单站极端最长连续无降水日数为 39 d，出现在正安（2010 年 1 月 24 日至 3 月 3 日）。

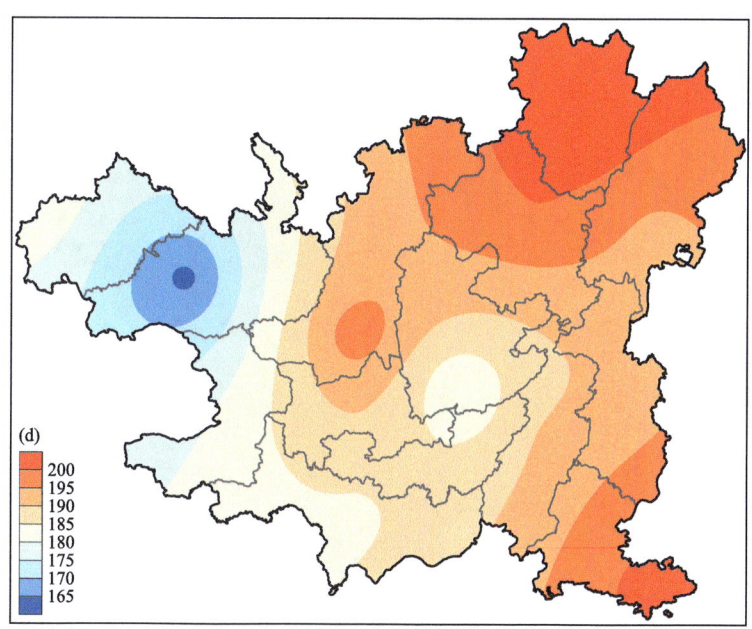

图 3.5　遵义市 1978—2020 年平均无降水日数空间分布

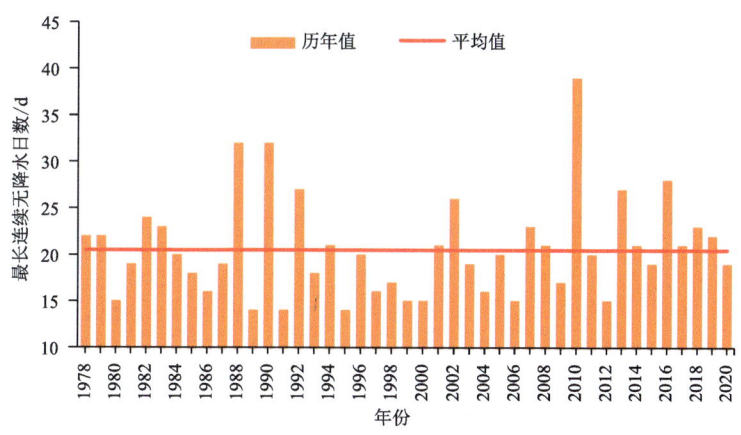

图 3.6　遵义市 1978—2020 年最长连续无降水日数变化

图 3.7 是遵义市 1978—2020 年最长连续无降水日数空间分布。从图中可以看出，遵义市最长连续无降水日数在 20~39 d；最低值出现在习水，为 20 d；最高值出现在正安，为 39 d。

### 3.4.4　最长连续干旱日数

图 3.8 是遵义市 1981—2020 年最长连续干旱日数变化。从图中可以看出，遵义市单站多年最长连续干旱日数平均为 53 d，其中，单站极端最长连续干旱日数为 122 d，出现在余庆（1981 年 6 月 20 日至 10 月 19 日）和绥阳（2013 年 7 月 2 日至 10 月 31 日）。

图 3.9 是遵义市 1981—2020 年单站最长连续干旱日数空间分布。从图中可以看出，遵义市单站最长连续干旱日数在 59~122 d；最低值出现在正安，为 59 d；最高值出现在绥阳，为 122 d。

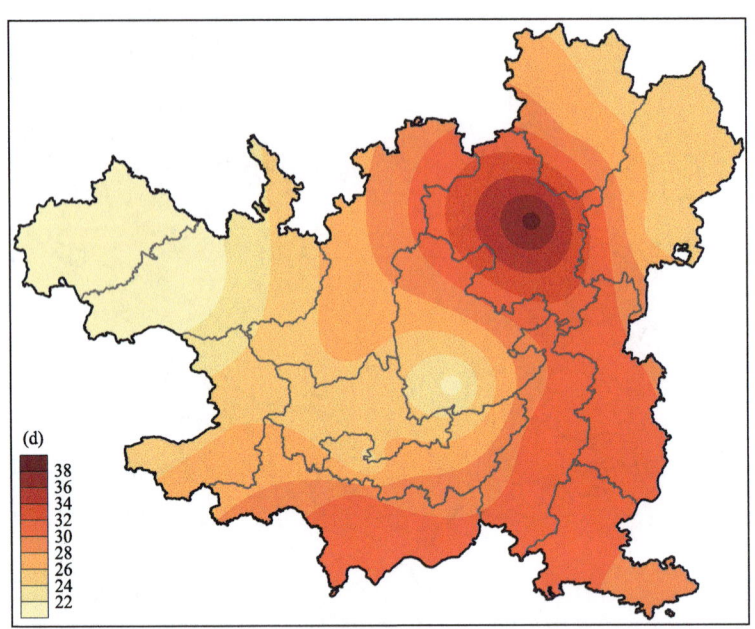

图 3.7　遵义市 1978—2020 年最长连续无降水日数空间分布

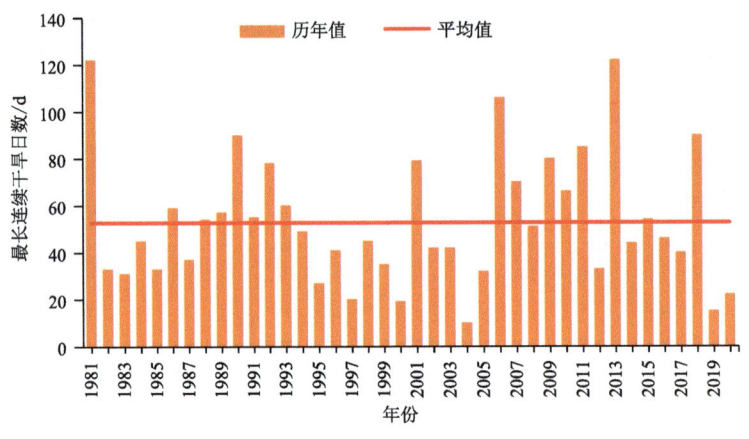

图 3.8　遵义市 1981—2020 年最长连续干旱日数变化

## 3.4.5　单站干旱过程

图 3.10 是遵义市 1981—2020 年干旱过程次数变化。从图中可以看出,遵义市干旱过程次数呈略减少趋势;多年干旱过程次数平均为 19.1 站次,1986 年和 1988 年干旱过程次数在 30 站次以上,其中,1988 年最多,为 37 站次干旱过程;1995 年、2000 年、2004 年和 2019 年干旱过程次数在 10 站次以下,其中,2004 年最少,为 4 站次干旱过程。

图 3.11 是遵义市 1981—2020 年干旱过程次数空间分布。从图中可以看出,遵义市干旱过程次数在 41~71 站次;最低值出现在赤水,为 41 站次;最高值出现在绥阳,为 71 站次。

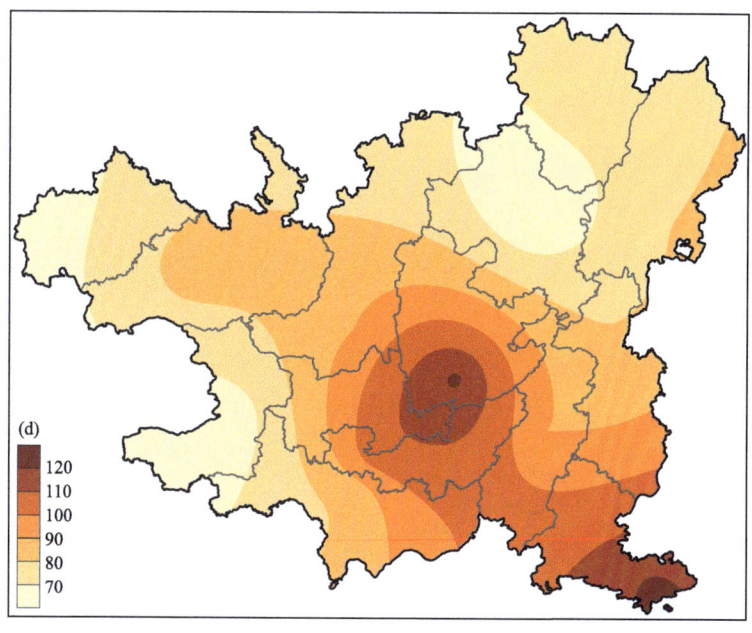

图 3.9　遵义市 1981—2020 年最长连续干旱日数空间分布

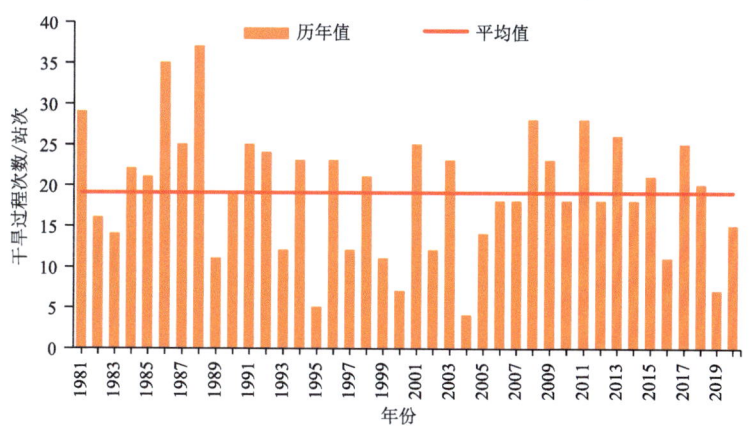

图 3.10　遵义市 1981—2020 年干旱过程次数变化

## 3.5　致灾危险性评估与区划

### 3.5.1　致灾危险性气象站点及权重

遵义市干旱危险性评估的气象站点共计 13 个，均为国家级地面气象站（图 3.12）。图 3.13 为各站过程降水量、降水距平百分率、最长连续无降水日数、过程总累积强度、过程持续时间、过程强度 6 个致灾因子指标的权重取值饼状图。

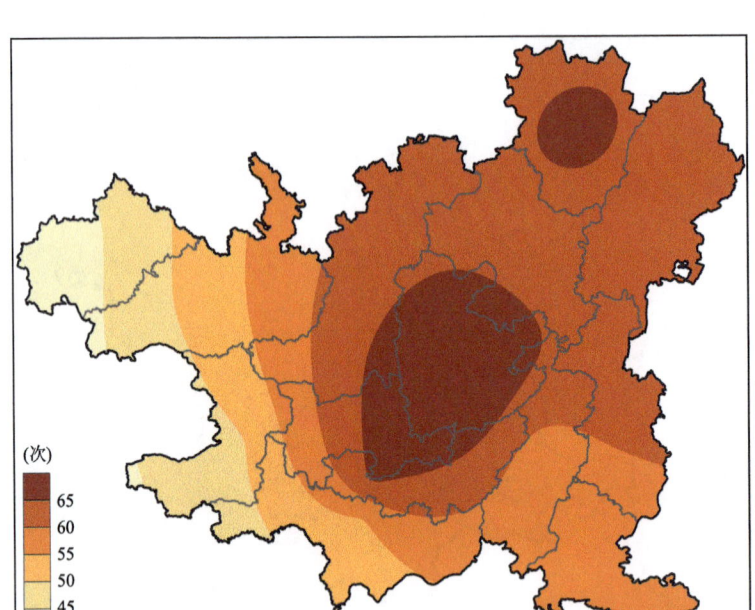

图 3.11 遵义市 1981—2020 年干旱过程次数空间分布

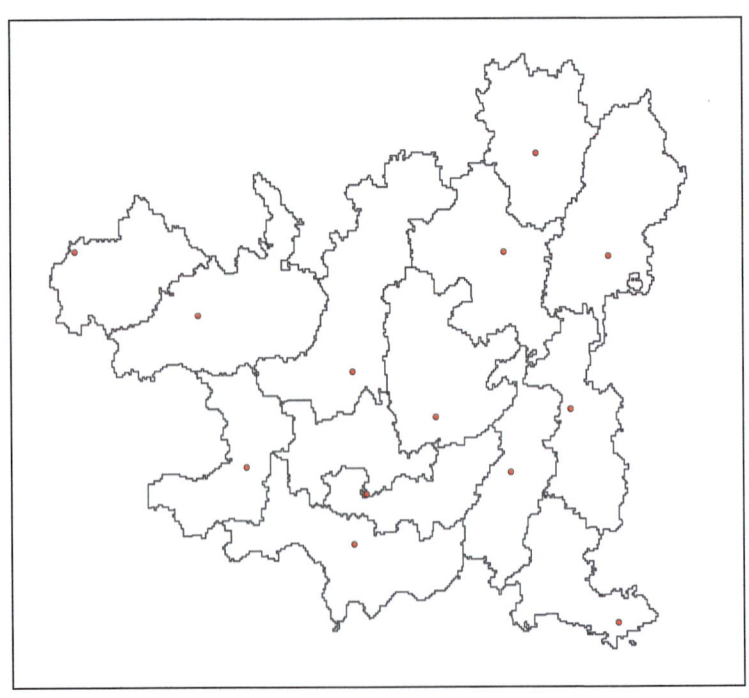

图 3.12 遵义市干旱致灾危险性气象站点空间分布

### 3.5.2 致灾危险性区划

遵义市干旱危险性等级相对全省属于较高以上等级，从遵义市干旱致灾危险性区划空间分布来看(图 3.14)，道真县、正安县北部局地、务川县北部地区危险性等级为高等级；务川县

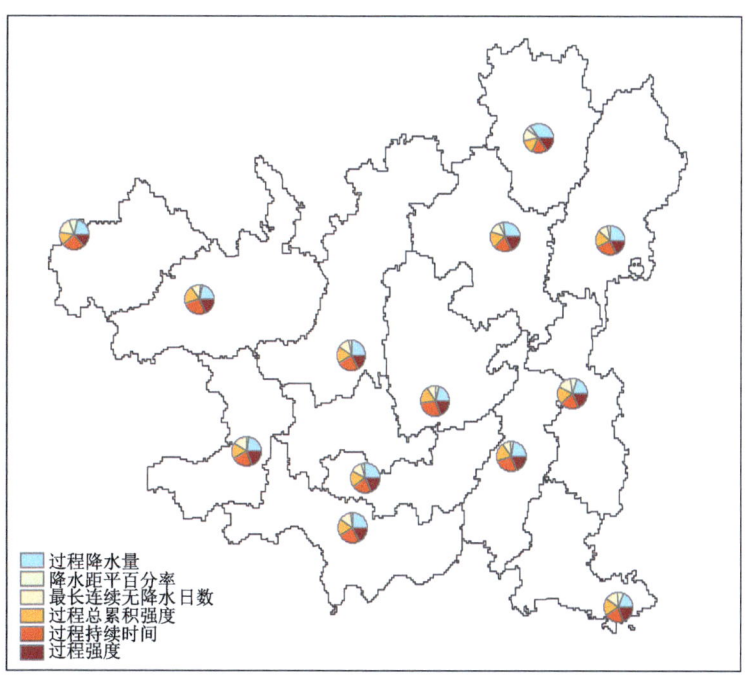

图 3.13　遵义市干旱 6 个致灾因子权重系数空间分布

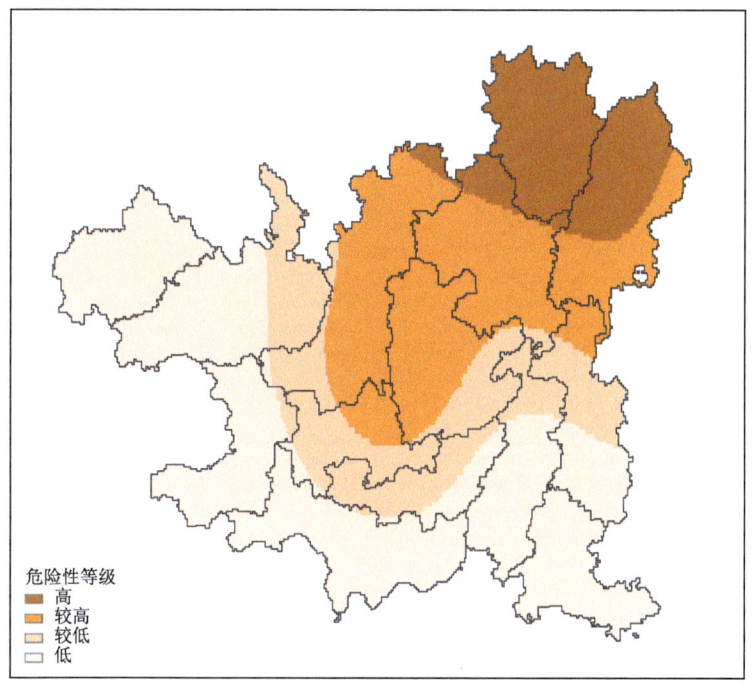

图 3.14　遵义市干旱致灾危险性区划空间分布

南部、凤冈县北部局地和绥阳县、桐梓县、正安县大部分地区危险性等级为较高等级；凤冈县中部、湄潭县北部局地、绥阳县东部局地、汇川区大部分地区、桐梓县西部局地、习水县东部局地危险性等级为较低等级;其余地区危险性等级主要为低等级。

## 3.6 风险评估与区划

### 3.6.1 GDP 风险评估

由于收集到的相关灾损资料不完整,仅结合 GDP 归一化值与干旱危险性指数进行等权指数求积。从遵义市干旱灾害 GDP 风险区划空间分布来看(图 3.15),遵义市行政中心、各个县(市、区)局部地区风险等级为较高—高等级,其余大部分地区为低—中等级。务川县、道真县、正安县、绥阳县、桐梓县、汇川区、播州区、仁怀市的局部地区相对风险等级为较高—高等级;凤冈县、湄潭县、习水县的局部地区风险等级为较高等级,其余地区风险等级大部分为低—中等级。

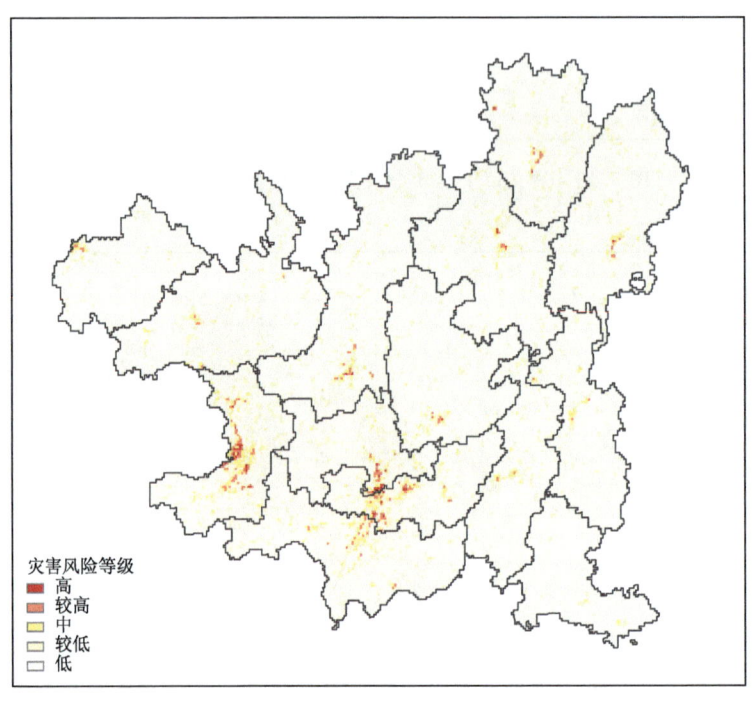

图 3.15 遵义市干旱灾害 GDP 风险区划空间分布

### 3.6.2 人口风险评估

由于收集到的相关灾损资料不完整,仅结合人口数量归一化值与干旱危险性指数进行等权指数求积。从遵义市干旱灾害人口风险区划空间分布来看(图 3.16),遵义市大部分地区风险等级为低—较低等级,局地为中—高等级。遵义市行政中心和道真县、正安县、桐梓县、仁怀市、播州区的局部地区风险等级为较高—高等级;务川县、习水县、凤冈县、绥阳县、湄潭县的局部地区风险等级为较高等级;其余区域为较低—中等级。

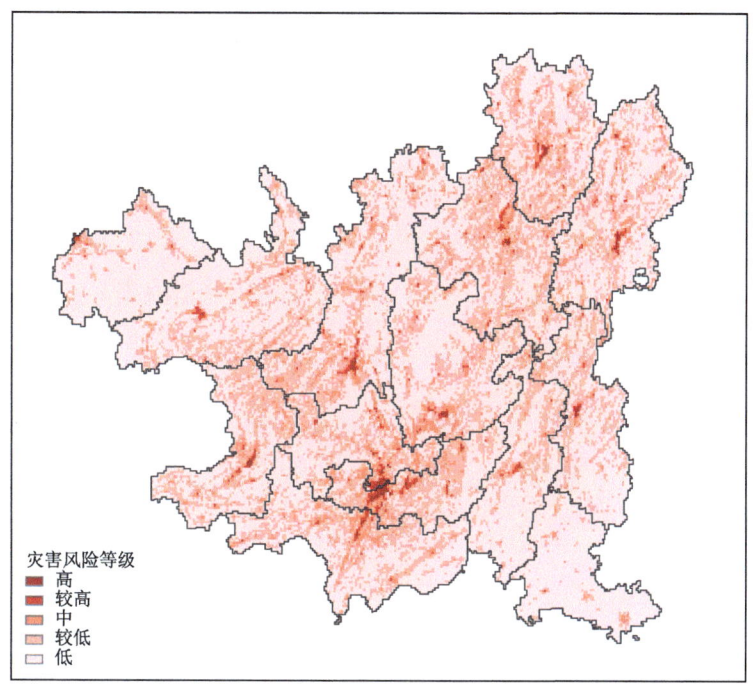

图 3.16 遵义市干旱灾害人口风险区划空间分布

### 3.6.3 小麦风险评估

根据小麦的生育期,主要针对 10 月至次年 5 月的干旱过程强度进行统计和计算,得到小麦干旱致灾危险性指数,由于收集到的相关灾损资料不完整,仅结合小麦种植面积归一化值与干旱危险性指数进行等权指数求积。

从遵义市干旱灾害小麦风险区划空间分布来看(图 3.17),风险分布总体呈西高东低的分布趋势,遵义市大部分地区相对风险等级为低等级。习水县南部局地、仁怀市西部地区风险等级为高等级;正安县局地、习水县南部、仁怀市西部局地相对风险等级为较高等级;务川县局地、正安县局地、桐梓县北部局地、习水县东部、仁怀市北部、播州区和余庆县的大部分地区风险等级为较低—中等级;其余地区风险等级为低等级。

### 3.6.4 玉米风险评估

根据玉米的生育期,主要针对 3—9 月的干旱过程强度进行统计和计算,得到玉米干旱致灾危险性指数,由于收集到的相关灾损资料不完整,仅结合玉米种植面积归一化值与干旱危险性指数进行等权指数求积。

从遵义市干旱灾害玉米风险区划空间分布来看(图 3.18),风险分布整体呈东高西低的分布趋势,遵义市东北部、中部以东南局部地区风险等级为较高—高等级。道真县局地、务川县东部、汇川区北部局地和红花岗区东北部地区相对风险等级为高等级;道真县和务川县南部、正安县东部局地、桐梓县东北部局地和凤冈县、余庆县的局部地区风险等级为较高等级;正安县南部、桐梓县西北部局地、绥阳县北部局地、汇川区西部局地、湄潭县和道真县北部地区相对

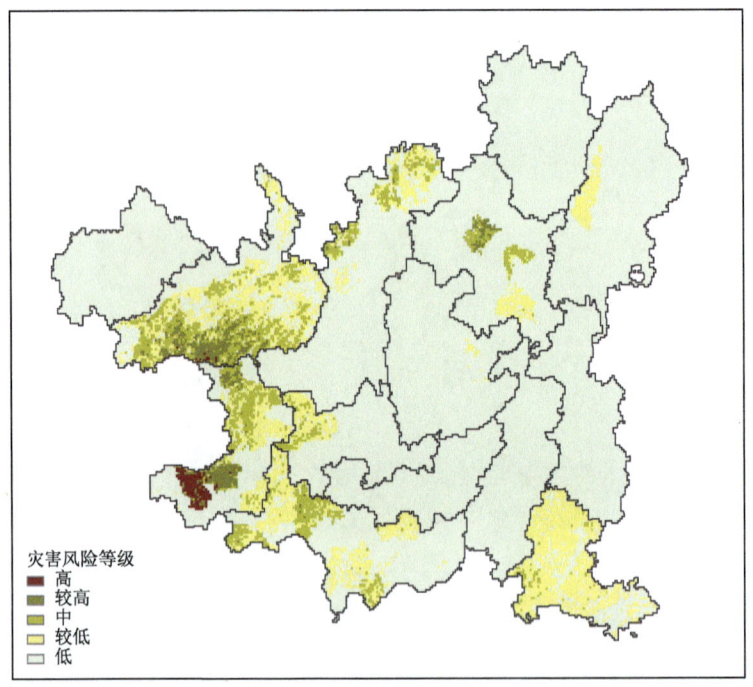

图 3.17　遵义市干旱灾害小麦风险区划空间分布

风险等级为中等级；桐梓县南部局地、习水县东部、仁怀市大部分地区、汇川区西部、播州区局地、湄潭县南部地区风险等级为较低等级，其余地区风险等级为低等级。

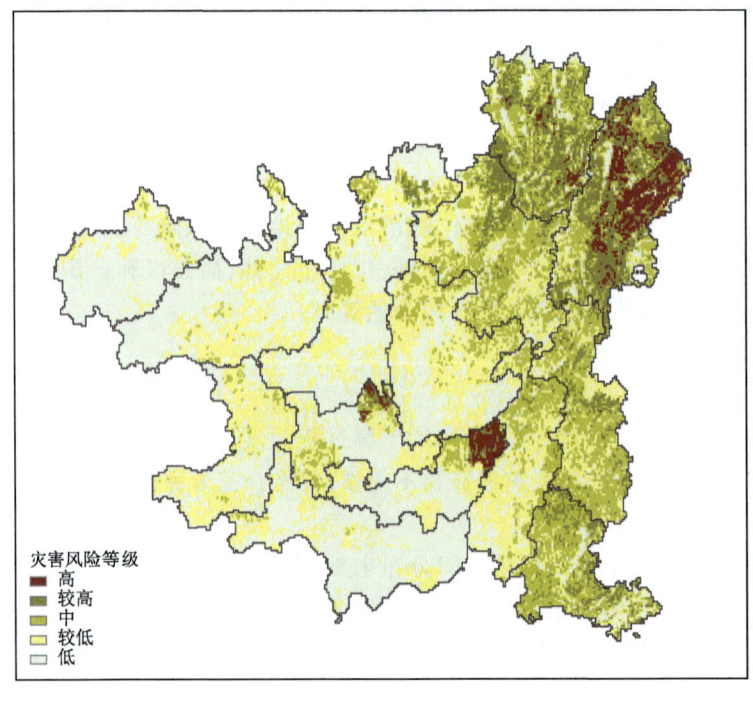

图 3.18　遵义市干旱灾害玉米风险区划空间分布

### 3.6.5 水稻风险评估

根据水稻的生育期,主要针对4—10月的干旱过程强度进行统计和计算,得到水稻干旱致灾危险性指数,由于收集到的相关灾损资料不完整,仅结合水稻种植面积归一化值与干旱危险性指数进行等权指数求积。

从遵义市干旱灾害水稻风险区划空间分布来看(图3.19),风险分布总体呈东高西低的分布趋势。道真县局地、务川县北部和中部局地、正安县中部局地、桐梓县北部局地、余庆县东南部局地风险等级为高等级;务川县局地、正安县南部局地、习水县西南部局地、桐梓县西南部局地、湄潭县东部、凤冈县大部分地区风险等级为较高等级;习水县东部、绥阳县南部、仁怀市局地、汇川区局地、播州区大部分地区风险等级为较低—中等级;其余地区风险等级为低等级。

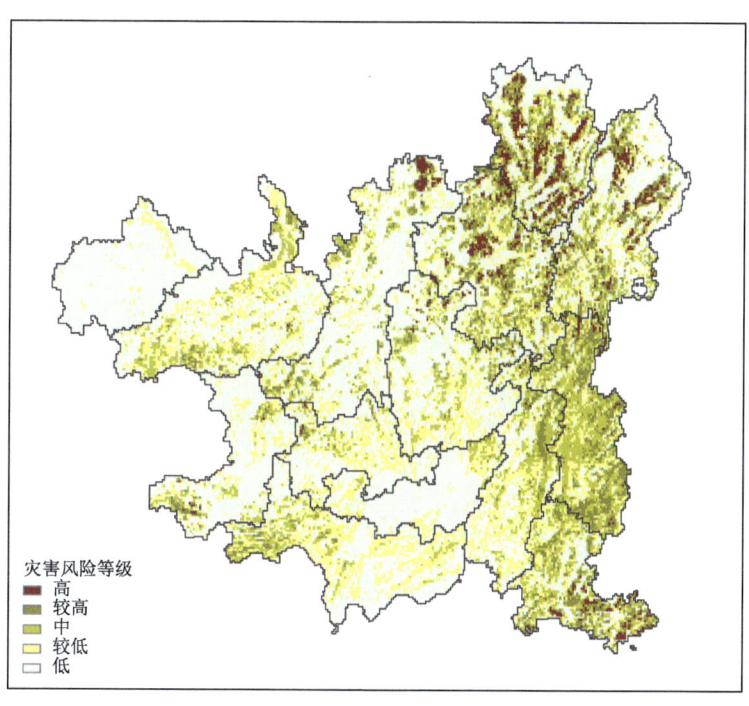

图3.19 遵义市干旱灾害水稻风险区划空间分布

## 3.7 总结

根据MCI指数分析,遵义市1981年出现轻旱日数最多,为89.5 d,1988年、1991年、1994年、2008年和2012年出现轻旱日数均在70 d以上;1988年出现中旱日数最多,为65 d,1981年、1992年、2001年、2009年、2011年和2013年出现中旱日数均在40 d以上;2011年和2013年出现重旱日数均在30 d以上,其中,2011年最多,为37.7 d,1988年和2006年出现重旱日数均在20 d以上;2011年出现特旱日数最多,为28.5 d,1990年、2006年和2013年出现特旱日数均在10 d以上。遵义市年平均无降水日数呈略增加趋势;多年平均无降水日数为189.3 d,其中,2013年最多,为219 d,2012年最少,为165 d。遵义市最长连续无降水日数呈略增加趋势;多年最长连续无降水日数平均为 20.6 d,其中,2010 年最多,为 39 d,1989 年、1991 年和 1995 年最少,均在 14 d。遵义市最长连续干旱日数呈略减少趋势;多年最长连续干旱日数平均为 53 d,其中,1981 年和 2013 年最多,均在 122 d,2014 年最少,为 10 d。遵义市干旱过程次数呈略减少趋势;多年干旱过程次数平均为 19.1 站次,1986 年和 1988 年干旱过程次数均在 30 站次以上,其中,1988 年最多,为 37 站次干旱过程;1995 年、2000 年、2004 年和 2019 年干旱过程次数均在 10 站次以下,其中,2004 年最少,为 4 站次干旱过程。

遵义市干旱危险性等级相对全省属于较高以上等级,危险性分布总体呈东北高,其余地区低的分布趋势。遵义市干旱灾害 GDP 风险分布,市行政中心、各个县(区)局部地区风险等级为较高—高等级,其余大部分地区为低—中等级。遵义市干旱灾害人口风险分布,大部分地区相对风险等级为低—较低等级,局地为中—高等级。遵义市干旱灾害玉米、水稻风险分布整体都呈东高西低的分布趋势。遵义市干旱灾害小麦风险分布总体呈西高东低的分布趋势,遵义市大部分地区风险等级为低等级。

# 第4章 高 温

气象上把日最高气温达到或超过35℃称之为高温。由于近年来高温热浪天气的频繁出现，高温带来的灾害日益严重。高温热浪使人体不能适应环境，超过人体的耐受极限，从而导致疾病的发生或加重，甚至死亡，动物也是一样；同时，高温热浪也可以影响农作物生长发育，使农作物减产。高温热浪过程还会加剧干旱的发生发展；还使用水量、用电量急剧上升，从而给人们生活、生产带来很大影响。因此，针对高温灾害的致灾因子信息，建立高温灾害等级指标体系，开展高温灾害的危险性调查与评估具有重要意义。

## 4.1 数据准备与处理

本章使用的资料为遵义市所辖县(市、区)14个国家级地面气象站和240个区域自动气象站的气温数据，包括平均气温、最高气温，国家级地面气象站时间为1978—2020年、区域自动气象站时间为建站至2020年，数据来源为贵州省气象信息中心。

基础地理信息：包括县界、30″×30″网格。

有关名词定义如下：

高温：日最高气温≥35℃的天气现象。为了突出持续时间对高温过程影响，将连续3d及以上最高气温≥35℃作为一次高温过程。

## 4.2 高温灾情统计

遵义市未收集到高温灾情。

## 4.3 技术方法

### 4.3.1 致灾因子选取

高温灾害致灾因子，包括高温过程持续时间和高温强度。高温强度选取高温过程平均气温、过程极端最高气温和过程平均最高气温等。

### 4.3.2 致灾危险性评估技术方法

基于如下方法开展危险性评估：

$$H = \sum_{i=1}^{n} a \times x_i \quad (4.1)$$

式中，$H$ 为致灾因子危险性指数；$x_i$ 为第 $i$ 种致灾因子归一化值；$a$ 为第 $i$ 种致灾因子权重系数；$n$ 为致灾因子个数。危险性评估的权重系数由信息熵赋权法确定。

基于高温致灾危险性指数，根据自然断点法，将高温致灾危险性划分为高（Ⅰ）、较高（Ⅱ）、较低（Ⅲ）、低（Ⅳ）4个等级，按照行政区域绘制高温危险性区划空间分布图。

### 4.3.3 风险评估技术方法

#### 4.3.3.1 承灾体暴露度评估

暴露度评估采用评估范围内人口、GDP、农作物（玉米、水稻）种植面积经过归一化处理作为高温暴露度的评估指标，得到不同承灾体的暴露度指数。

#### 4.3.3.2 高温灾害风险评估

根据高温灾害的成灾特征和风险评估的目的、用途，选择加权求积评估模型，权重确定方法采用信息熵赋权法。

加权求积评估模型如下：

$$I_{HRI} = I_{VH} \times I_{VSI} \times I_{VE} \tag{4.2}$$

式中，$I_{HRI}$ 为特定承灾体高温灾害风险评价指数；$I_{VH}$ 为致灾因子危险性指数；$I_{VSI}$ 为承灾体暴露度指数；$I_{VE}$ 为脆弱性指数。

因无脆弱性资料，只对致灾危险性和承灾体暴露度进行加权求积，得到风险评估结果。

#### 4.3.3.3 高温灾害风险分区

依据风险评估结果，结合行政单元，采用自然断点法，对风险评估结果进行空间划分，将高温灾害风险划分为高（Ⅰ）、较高（Ⅱ）、中（Ⅲ）、较低（Ⅳ）、低（Ⅴ）5个等级。

## 4.4 致灾因子特征分析

### 4.4.1 平均最高气温

图 4.1 是遵义市 1978—2020 年平均最高气温变化。从图中可以看出，遵义市多年平均最高气温为 19.9 ℃；最低值为 18.7 ℃，出现在 2012 年，最高值为 21.3 ℃，出现在 2013 年。

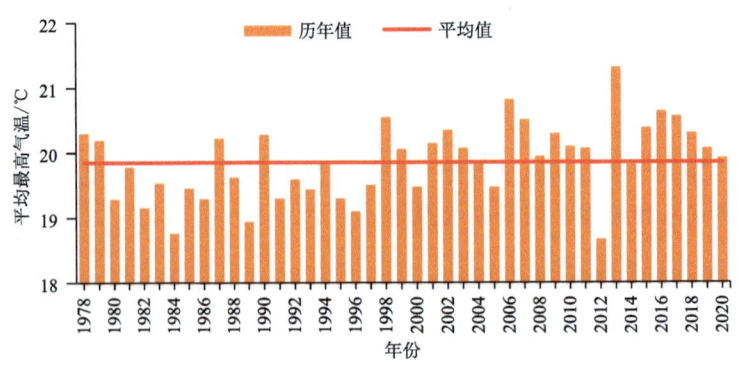

图 4.1 遵义市 1978—2020 年平均最高气温变化

图 4.2 是遵义市 1978—2020 年平均最高气温逐月变化。从图中可以看出,遵义市平均最高气温最大值出现在 8 月,为 30.5 ℃;平均最高气温最小值出现在 1 月,为 7.9 ℃;一年中最大值与最小值相差 22.6 ℃。

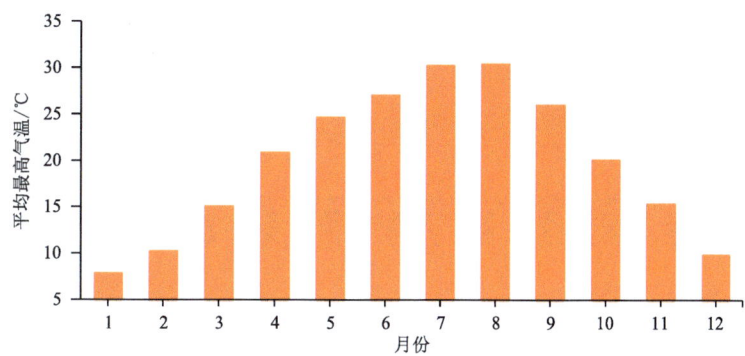

图 4.2　遵义市 1978—2020 年月平均最高气温变化

图 4.3 是遵义市 1978—2020 年平均最高气温空间分布。从图中可以看出,遵义市平均最高气温在 17.4~22.1 ℃;高值区域主要在遵义市东北部、赤水河谷及余庆,最高值在赤水,为 22.1 ℃,最低值在习水,为 17.4 ℃。

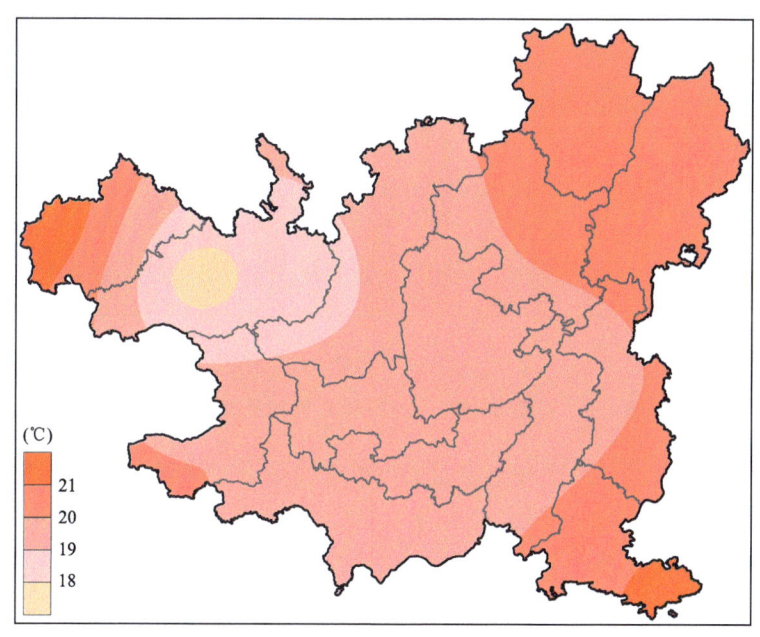

图 4.3　遵义市 1978—2020 年平均最高气温空间分布

### 4.4.2　极端最高气温

图 4.4 是遵义市 1978—2020 年极端最高气温变化。从图中可以看出,遵义市多年平均极端最高气温为 39.3 ℃;最高值为 43.2 ℃,出现在 2011 年;最低值为 36.2 ℃,出现在 1987 年。

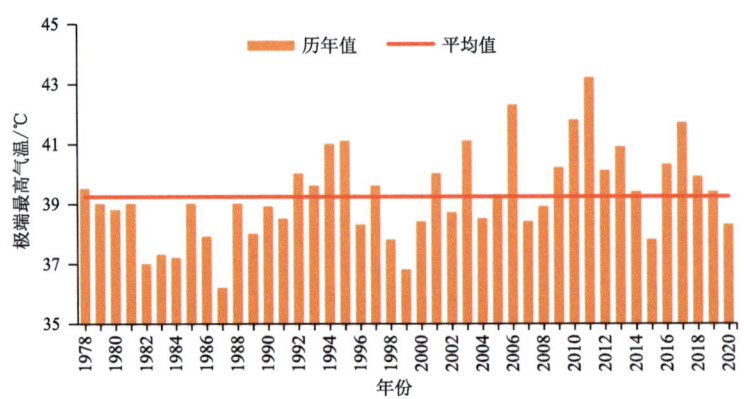

图 4.4 遵义市 1978—2020 年极端最高气温变化

图 4.5 是遵义市 1978—2020 年极端最高气温逐月变化。从图中可以看出,遵义市极端最高气温最大值出现在 8 月,为 43.2 ℃;极端最高气温最小值出现在 12 月,为 25.1 ℃;一年中最大值与最小值相差 18.1 ℃。

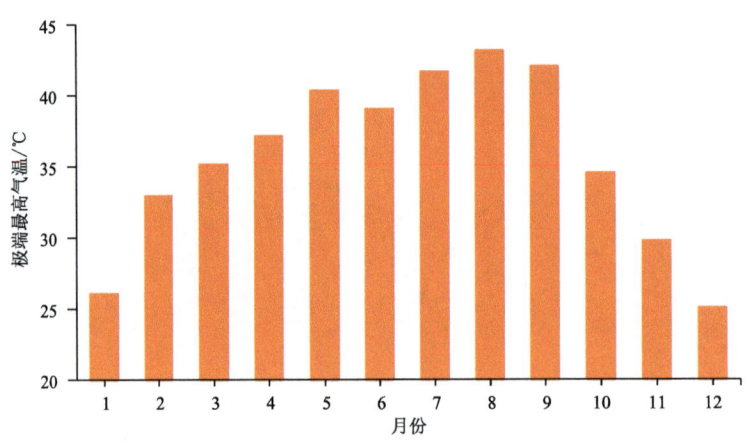

图 4.5 遵义市 1978—2020 年月极端最高气温变化

图 4.6 是遵义市 1978—2020 年极端最高气温空间分布。从图中可以看出,遵义市极端最高气温在 36.0~43.2 ℃;高值区域主要在遵义市东北部、赤水河谷及余庆,最高值在赤水,为 43.2 ℃,最低值在习水,为 36.0 ℃。

### 4.4.3 高温日数

图 4.7 是遵义市 1978—2020 年平均高温日数变化。从图中可以看出,遵义市多年平均高温日数为 5.1 d;最低值为 0.6 d,出现在 1983 年;最高值为 16.9 d,出现在 2006 年。

图 4.8 是遵义市 1978—2020 年高温日数逐月变化。从图中可以看出,遵义市高温日数主要出现在 5—9 月,其中,最大值出现在 8 月,为 2.5 d;1—4 月及 10—12 月无高温出现。

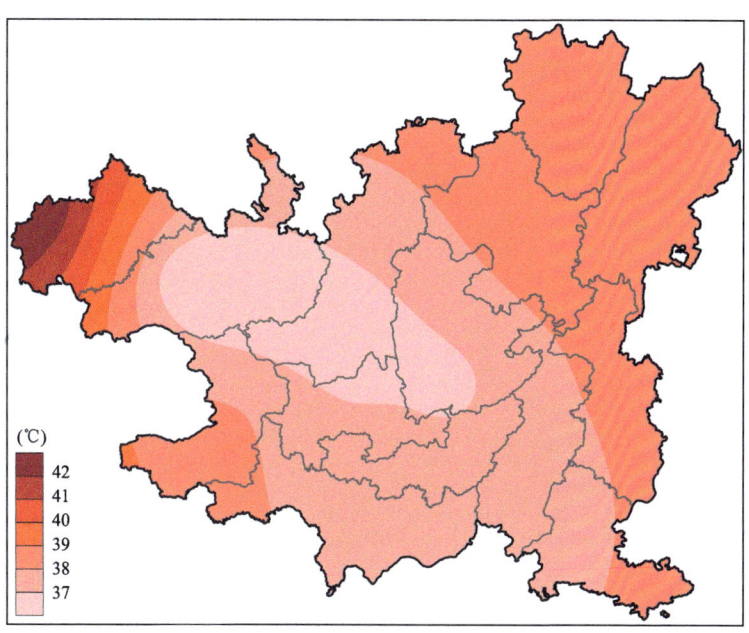

图 4.6　遵义市 1978—2020 年极端最高气温空间分布

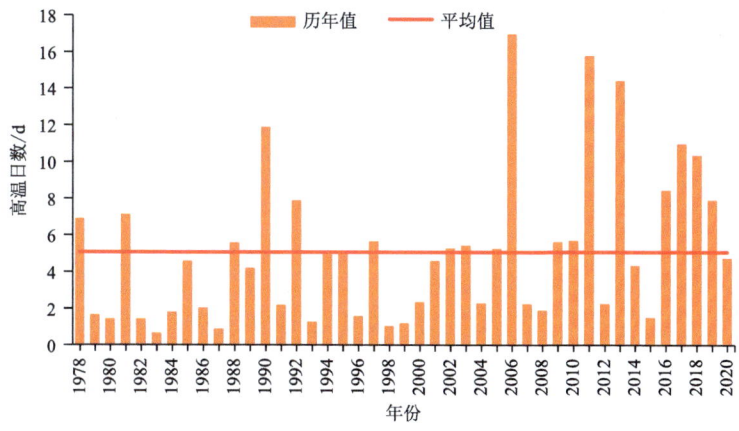

图 4.7　遵义市 1978—2020 年平均高温日数变化

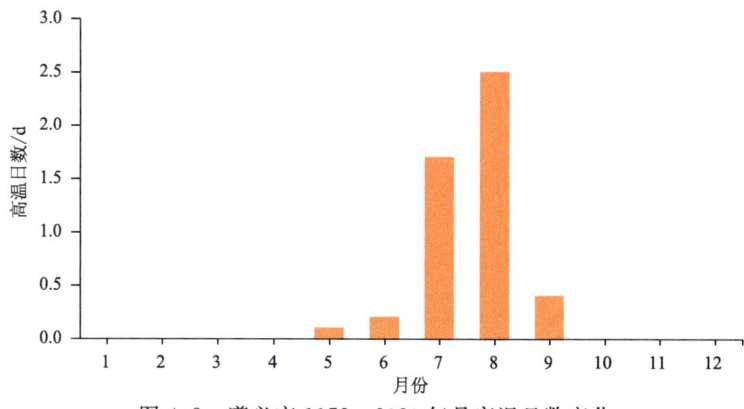

图 4.8　遵义市 1978—2020 年月高温日数变化

图 4.9 是遵义市 1978—2020 年平均高温日数空间分布。从图中可以看出,遵义市平均高温日数在 0.1~23.5 d;高值区域主要在遵义市东北部、赤水河谷及余庆,最高值在赤水,为 23.5 d,最低值在习水,为 0.1 d。

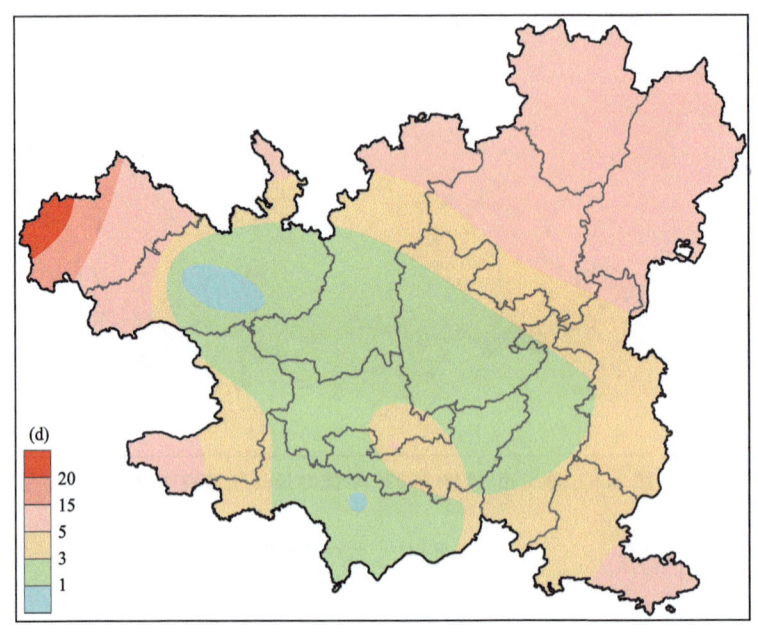

图 4.9　遵义市 1978—2020 年平均高温日数空间分布

### 4.4.4　最长连续高温日数

图 4.10 是遵义市 1978—2020 年最长连续高温日数变化。从图中可以看出,遵义市多年平均最长连续高温日数为 8.1 d;最小值为 3.0 d,出现在余庆(1982 年 8 月 2—4 日)和赤水(1984 年 8 月 1—3 日、1987 年 7 月 24—26 日、1998 年 7 月 17—19 日);最大值为 19.0 d,出现在赤水(2017 年 7 月 21 日至 8 月 8 日)。

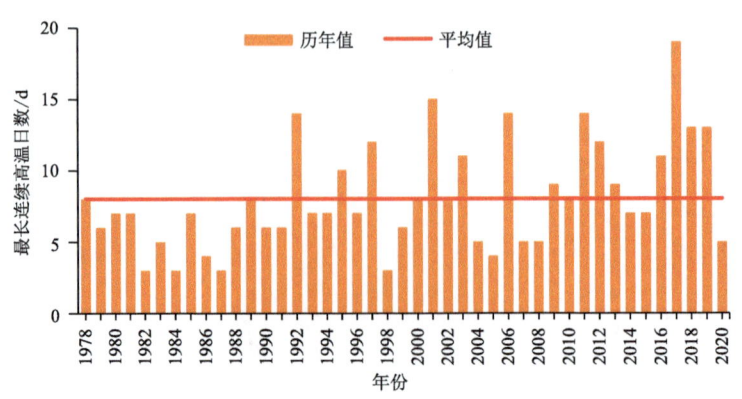

图 4.10　遵义市 1978—2020 年最长连续高温日数变化

图 4.11 是遵义市 1978—2020 年极端最长连续高温日数空间分布。从图中可以看出,遵义市极端最长连续高温日数在 2.0~19.0 d;高值区域主要在遵义市东北部及赤水河谷,最高值在赤水,为 19.0 d,最低值在习水,为 2.0 d。

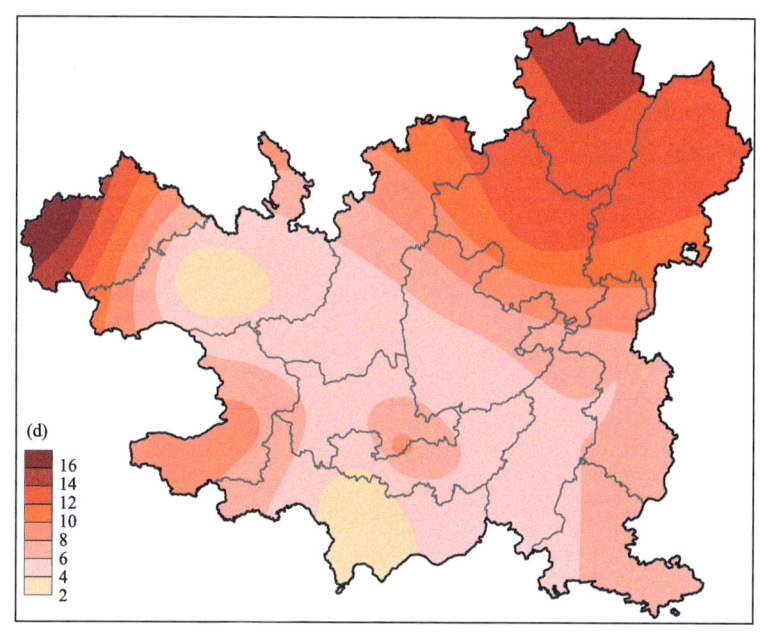

图 4.11　遵义市 1978—2020 年极端最长连续高温日数空间分布

### 4.4.5　高温初终日

图 4.12 是遵义市 1978—2020 年高温初、终日变化。从图中可以看出,遵义市多年平均高温初日为 5 月 27 日;最早初日出现在 3 月 15 日(1988 年余庆),最晚初日出现在 7 月 15 日(2003 年赤水)。多年平均高温终日为 9 月 2 日;最早终日出现在 8 月 4 日(2015 年赤水),最晚终日出现在 9 月 26 日(2003 年赤水)。

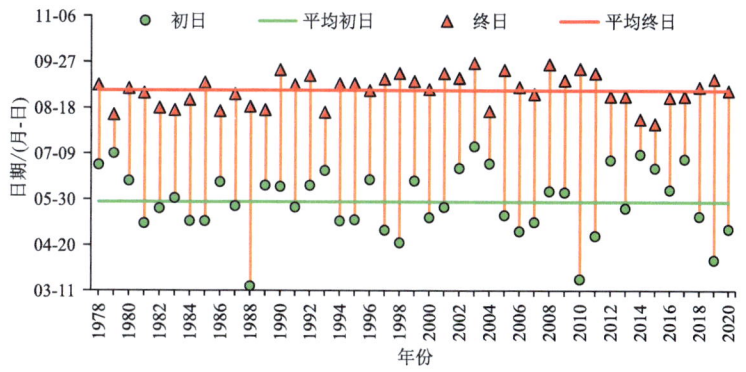

图 4.12　遵义市 1978—2020 年高温初、终日变化

## 4.5 致灾危险性评估与区划

### 4.5.1 致灾危险性气象站点及权重

遵义市辖区高温过程强度计算的气象站点共计 254 个,其中,国家级地面气象站 14 个,区域自动气象站 240 个(图 4.13)。图 4.14 为各站高温过程持续时间、过程平均气温、过程极端最高气温和过程平均最高气温 4 个致灾因子指标的权重取值空间分布。

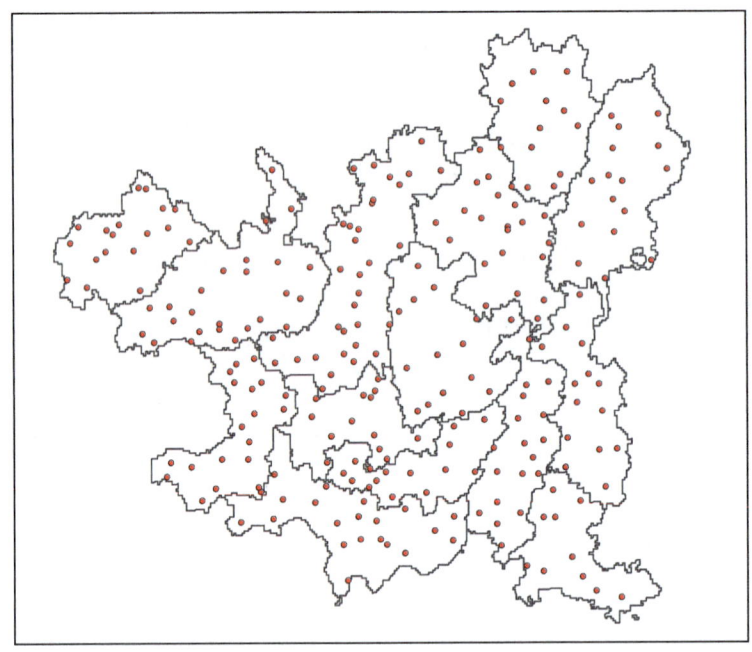

图 4.13 遵义市高温致灾危险性气象站点空间分布

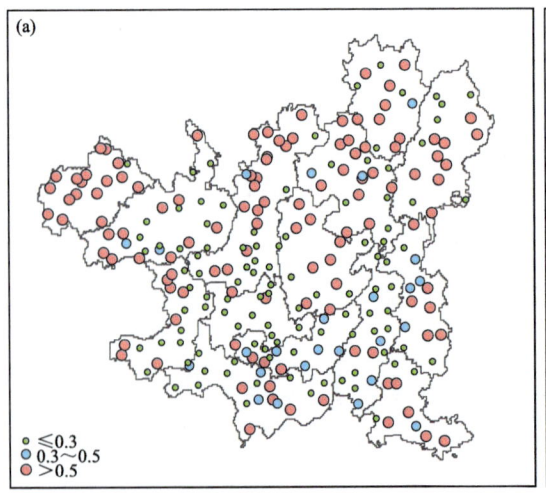
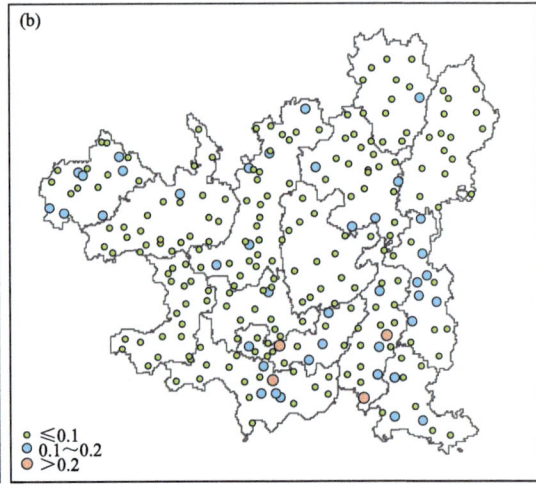

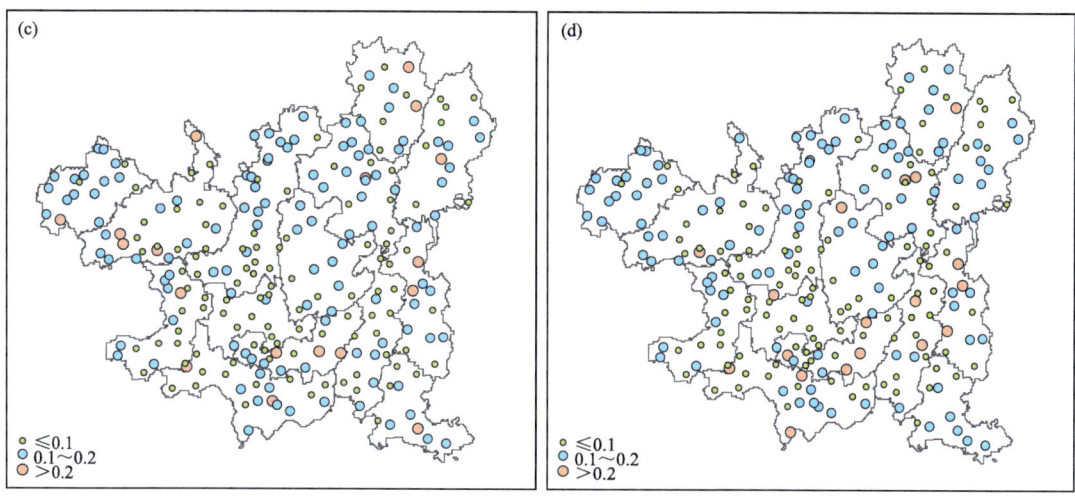

图4.14 遵义市高温过程持续时间(a)、过程平均气温(b)、过程极端最高气温(c)、过程平均最高气温(d)权重系数空间分布

### 4.5.2 致灾危险性区划

遵义市高温危险性等级相对全省属于较高等级,从遵义市高温致灾危险性区划空间分布来看(图4.15),总体呈四周高中部低的分布趋势,高危险性等级主要分布在西北部和中北部,其余地区主要为低—较高等级。赤水市大部地区、习水县东南部和南部边缘地区、仁怀市西北部边缘地区、桐梓县北部部分地区和道真县局部地区危险性等级属于高等级;赤水市中西地

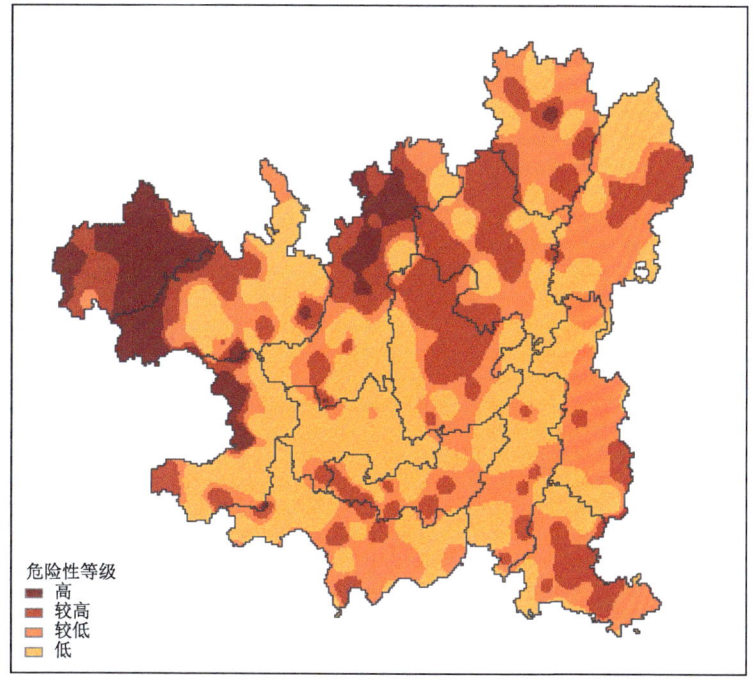

图4.15 遵义市高温致灾危险性区划空间分布

区、习水县中部、北部和东部边缘地区、仁怀市局部地区、桐梓县北部和西南部部分地区、红花岗区南部边缘地区、播州区局部地区、绥阳县北部和中部地区、正安县北部和西部地区、道真县中部和东南部边缘地区、务川县中东部地区、湄潭县少部地区、凤冈县少部地区、余庆县大部地区危险性等级属于较高等级；赤水市少部地区、习水县中部、东部边缘和西部边缘地区、仁怀市北部边缘和南部边缘地区、桐梓县中部和西南部部分地区、汇川区南部边缘地区、播州区大部地区、绥阳县中部部分地区、正安县部分地区、道真县大部地区、务川县中部和东南部地区、湄潭县中部和东南部部分地区、凤冈县大部地区、余庆县东部和中部地区危险性等级属于较低等级；其他地区危险性等级属于低等级。

## 4.6 风险评估与区划

### 4.6.1 GDP 风险评估

由于收集到的相关灾损资料不完整，仅结合 GDP 归一化值与高温危险性指数进行等权指数求积。从遵义市高温灾害 GDP 风险区划空间分布来看（图 4.16），遵义市大部分地区为低风险等级，局地为较低—高风险等级。赤水市局部地区、习水县局部地区、仁怀市局部地区、播州区局部地区、汇川区局部地区、红花岗区局部地区、正安县局部地区、道真县局部地区、务川县局部地区、凤冈县局部地区和余庆县局部地区为较高—高风险等级；其余地区为低—中风险等级。

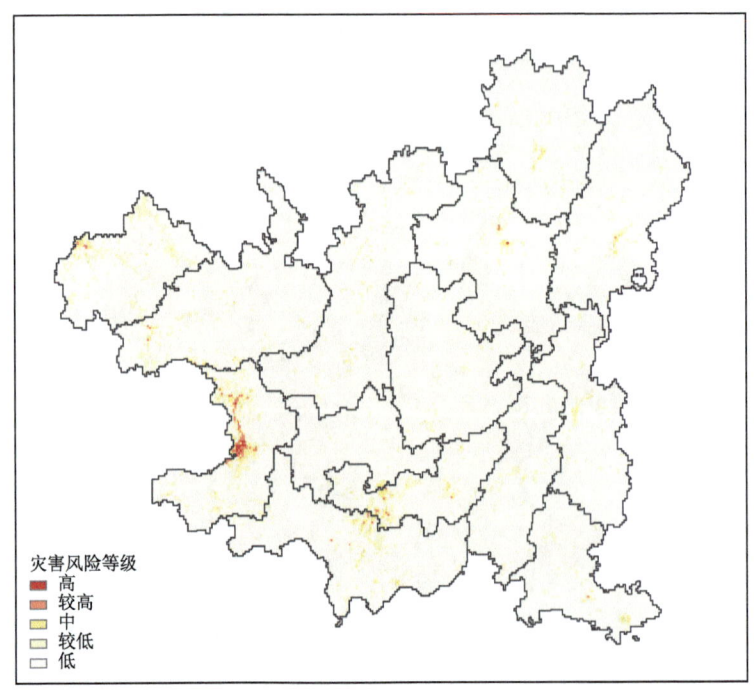

图 4.16 遵义市高温灾害 GDP 风险区划空间分布

## 4.6.2 人口风险评估

由于收集到的相关灾损资料不完整,仅结合人口数量归一化值与高温危险性指数进行等权指数求积。从遵义市高温灾害人口风险区划空间分布来看(图 4.17),遵义市大部分地区为低风险等级,局地为较低—高风险等级。赤水市局部地区、习水县局部地区、仁怀市局部地区、播州区局部地区、红花岗区中部局部地区、汇川区南部部分地区、桐梓县局部地区、正安县局部地区、道真县中部局部地区、务川县南部局部地区、绥阳县局部地区、湄潭县中部局部地区、凤冈县中部局部地区、余庆县局部地区为高风险等级;赤水市大部分地区、习水县南部、中部和北部边缘地区、仁怀市西北部和南部地区、播州区大部分地区、红花岗区大部分地区、汇川区南部和东部地区、桐梓县大部分地区、正安县大部分地区、道真县大部分地区、务川县南部和中东部、绥阳县大部分地区、湄潭县中部地区、凤冈县大部分地区、余庆县大部分地区为中—较高风险等级;其余地区为低—较低风险等级。

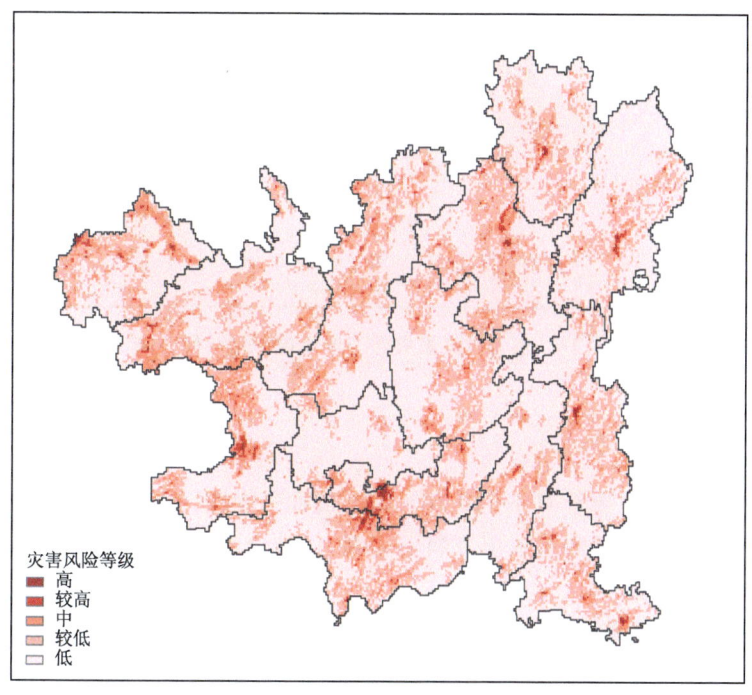

图 4.17 遵义市高温灾害人口风险区划空间分布

## 4.6.3 玉米风险评估

根据玉米的生育期,主要针对 3—9 月的高温过程强度进行统计和计算,得到玉米高温致灾危险性指数,由于收集到的相关灾损资料不完整,仅结合玉米种植面积归一化值与高温危险性指数进行等权指数求积。

从遵义市高温灾害玉米风险区划空间分布来看(图 4.18),遵义市大部分地区为低—较高风险等级,局部地区为高风险等级。赤水市局部地区、汇川区东北部部分地区和红花岗区东北部地区为高风险等级;赤水市部分地区、习水县大部分地区、仁怀市北部和南部边缘地区、桐梓县部分地区、汇川区大部分地区、红花岗区北部和南部地区、播州区北部和南部地区、绥阳县部分地区、正安县部分地区、道真县部分地区、务川县大部分地区、湄潭县大部分地区、凤冈县大部分地区、余庆县大部分地区为中—较高风险等级；其余地区为低—较低风险等级。

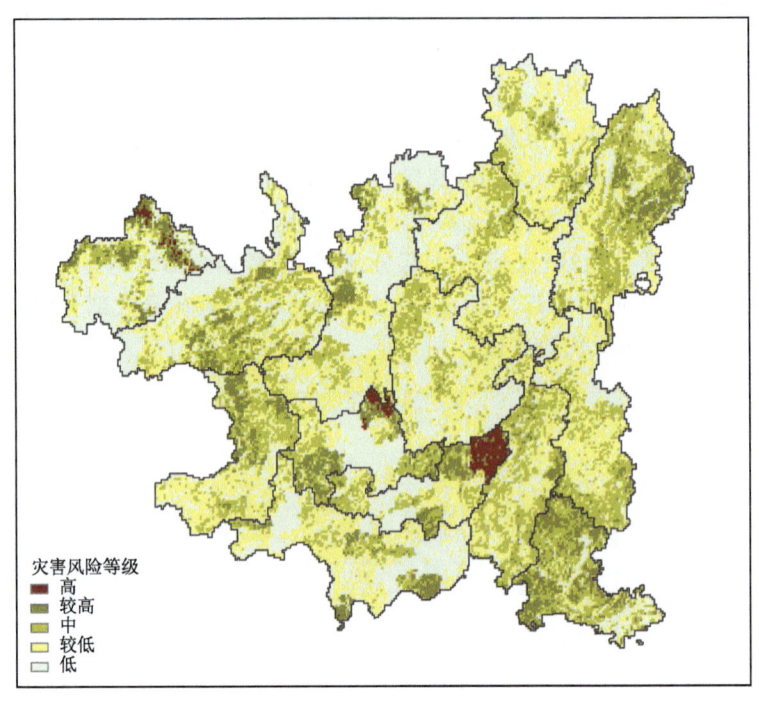

图 4.18　遵义市高温灾害玉米风险区划空间分布

### 4.6.4　水稻风险评估

根据水稻的生育期，主要针对 4—10 月的高温过程强度进行统计和计算，得到水稻高温致灾危险性指数，由于收集到的相关灾损资料不完整，仅结合水稻种植面积归一化值与高温危险性指数进行等权指数求积。

从遵义市高温灾害水稻风险区划空间分布来看（图 4.19），遵义市大部分地区为较高—高风险等级，局地为低—中风险等级。赤水市局部地区、习水县大部分地区、仁怀市局部地区、桐梓县局部地区、汇川区部分地区、播州区大部分地区、绥阳县局部地区、正安县局部地区、道真县局部地区、务川县局部地区、湄潭县大部分地区、凤冈县局部地区、余庆县局部地区为较高—高风险等级；其余地区为低—中风险等级。

## 4.7　总结

1978—2020 年，遵义市多年平均最高气温为 19.9 ℃；最低值为 18.7 ℃，出现在 2012 年，最高值为 21.3 ℃，出现在 2013 年。多年平均极端最高气温为 39.3 ℃；最低值为 36.2 ℃，出现在 1987 年；最高值为 43.2 ℃，出现在 2011 年。多年平均高温日数为 5.1 d；最低值为 0.6 d，出现在 1983 年；最高值为 16.9 d，出现在 2006 年。多年平均最长连续高温日数为 8.1 d；最小

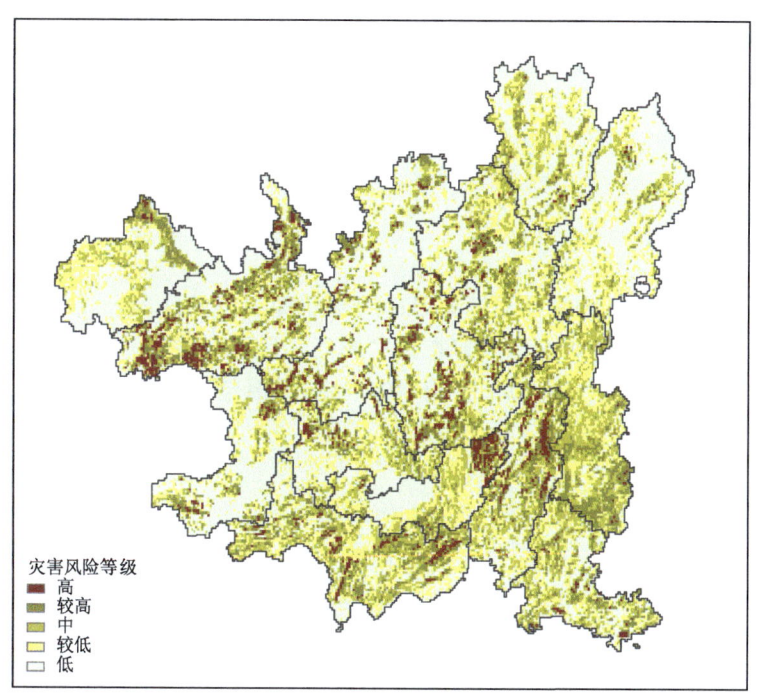

图 4.19 遵义市高温灾害水稻风险区划空间分布

值为 3.0 d,出现在 1982 年、1984 年、1987 年、1998 年;最大值为 19.0 d,出现在 2017 年。高温初日平均为 5 月 27 日;最早初日出现在 3 月 15 日(1988 年),最晚初日出现在 7 月 15 日(2003 年)。高温终日平均为 9 月 2 日;最早终日出现在 8 月 4 日(2015 年),最晚终日出现在 9 月 26 日(2003 年)。

从空间分布来看,1978—2020 年遵义市平均最高气温在 17.4~22.1 ℃;最低值在习水,为 17.4 ℃;最高值在赤水,为 22.1 ℃。极端最高气温在 36.0~43.2 ℃;最低值在习水,为 36.0 ℃;最高值在赤水,为 43.2 ℃。平均高温日数在 0.1~23.5 d;最低值在习水,为 0.1 d;最高值在赤水,为 23.5 d。极端最长连续高温日数在 2.0~19.0 d;最低值在习水,为 2.0 d;最高值在赤水,为 19.0 d。遵义市平均最高气温、极端最高气温、平均高温日数、最长连续高温日数四要素的高值区域均出现在赤水河谷及遵义市东北部。

遵义市高温危险性等级相对全省属于较高等级,总体呈四周高中部低的分布趋势。遵义市高温灾害 GDP 风险分布大部分地区为低风险等级,局地为较低—高风险等级。遵义市高温灾害人口风险大部分地区为低风险等级,局地为较低—高风险等级。遵义市高温灾害玉米风险大部分地区为低—较高风险等级,局部地区为高风险等级。遵义市高温灾害水稻风险大部分地区为较高—高风险等级,局地为低—中风险等级。

# 第 5 章 低 温

低温灾害是指因冷空气异常活动等原因造成剧烈降温以及冻雨、冰(霜)冻所造成的灾害事件。根据《贵州省气象灾害综合风险普查技术规范 低温灾害调查技术规范》(贵州省气象局减灾处下发,内部使用),对于低温灾害指标的规定,低温包括冷空气、霜冻害、低温阴雨寡照和凝冻 4 种灾害。

## 5.1 数据准备与处理

气象资料主要包括:遵义市 14 个常规气象观测站的日值数据,统计时段为 1978—2020 年,气象要素包括日平均气温、日最低气温、日降水量、日照时数、霜、雾凇、雨凇天气现象观测资料,涉及霜冻害和凝冻的资料(霜、雾凇、雨凇)统计时段延续至 2021 年 3 月 31 日,数据来源为贵州省气象信息中心。

基础地理信息:包括 30″×30″ 网格,县界、乡镇界,DEM。

### 5.1.1 低温致灾因子定义与识别

(1)冷空气

参照《冷空气等级》(GB/T 20484—2017)的等级划分标准和《冷空气过程监测业务规定(试行)》(气预函〔2014〕110 号)中对降温幅度的定义,冷空气识别的标准如下:单站出现较强冷空气(日最低气温 48 h 内降温幅度≥6 ℃),持续两日及以上,判定为出现一次单站冷空气过程,满足冷空气过程判定条件的首日为冷空气过程开始日,同时不满足冷空气过程判定条件和 24 h 内连续降温情况的前一日为冷空气过程结束日。每日监测区内有≥20%的国家级气象观测站点出现中等及以上强度的单站冷空气,且持续两日及以上,则为一次省级冷空气过程;如果在一次省级或单站冷空气过程中,逐日出现中等及以上强度的冷空气站点数随时间先减少后增加,则此次冷空气过程应判定为两次冷空气过程。站点数出现增加的前一日为前一次冷空气过程结束日,站点数出现增加的当日为后一次冷空气过程的开始日。

(2)霜冻害

根据霜冻定义,地面最低温度出现≤0 ℃作为霜冻日,统计每次霜冻开始、结束日期,以及年度初霜冻和终霜冻日序和持续时间。每年霜冻日数为当年符合地面最低温度≤0 ℃的天数,最长连续霜冻日数为当年连续符合地面最低温度≤0 ℃的天数。

(3)低温阴雨寡照

凡出现日降水量≥0.1 mm,日平均气温≤20 ℃,持续时间达 5 d 或以上的时段(从第 6 d 起,允许有间隔 2 d 无降水量),且过程平均日照时数<2 h/d,其过程平均气温低于历年同期。满足低温阴雨寡照过程判定条件的首日为低温阴雨寡照过程开始日,满足低温阴雨寡照过程

判定条件的最后一日为低温寡照阴雨过程结束日。

(4) 凝冻

依据国家级站点天气现象的观测记录,当日观测到有雨凇或雾凇天气现象时统计为一个凝冻日,单站连续出现 3 d 以上(含 3 d)凝冻(雨凇)日则为单站凝冻过程的起始条件,第一日定义为凝冻过程的开始日。当凝冻(雨凇)现象连续两天中断标志着凝冻过程的结束,凝冻消失的前一日定义为凝冻结束日。规定某日监测区域内有≥10%的国家级气象观测站出现单站凝冻过程,则为一个区域性凝冻日,若监测区域内连续出现 3 d 及以上区域性凝冻日,则一次区域性凝冻过程开始,连续出现 2 d 非区域性凝冻日,则该次区域性凝冻过程结束,过程首个区域性凝冻日为过程开始日,最后一个区域性凝冻日为过程结束日,开始日至结束日(含)的天数为过程持续天数。

凝冻统计时段为当年 11 月 1 日至次年 3 月 31 日,所属年份为当年冬季,如 2008 年 1 月 13 日至 2 月 10 日的凝冻过程,所属年份为 2007 年冬季,或 2007/2008 年冬季。

### 5.1.2　数据处理方法

致灾因子气候平均特征选用 1978—2020 年(43 a)作为平均统计时段。

极端值统计选用 1978—2020 年的极值。

数据处理过程中使用了归一化方法、信息熵赋权法和自然断点法。

## 5.2　低温灾情统计

统计历史低温灾害发现,低温造成的灾害损失主要是凝冻灾害,遵义市主要发生凝冻灾害的年份为 2008 年、2011 年、2016 年和 2018 年,普遍在 1 月发生并对交通运输、蔬菜、林业、输电、通信等造成极大危害;其次是强冷空气降温导致受灾,最典型的是倒春寒使农作物受灾;低温阴雨寡照灾情占目前收集的低温总灾情数的 17.9%,最严重的是发生在 2002 年特重的秋风过程,给大部分的秋收作物带来了严重的危害;未收集到霜冻灾害的灾情数据(图 5.1)。

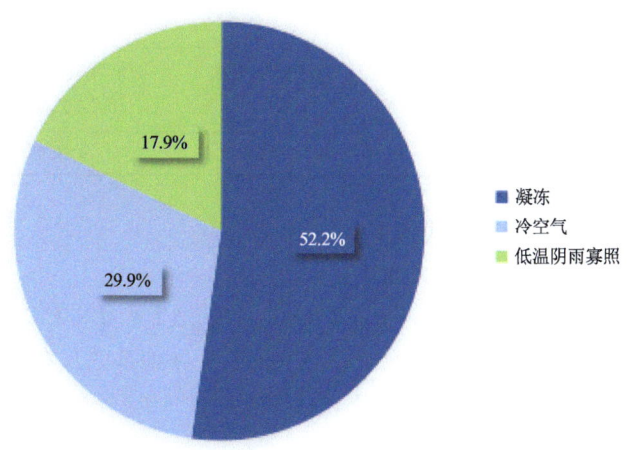

图 5.1　历史低温灾害发生概率统计

## 5.3 技术方法

### 5.3.1 致灾因子选取

遵义市低温灾害的风险评估包括冷空气、霜冻害、低温阴雨寡照、凝冻4种低温灾害，首先，按照《贵州省气象灾害综合风险普查技术规范 低温灾害调查技术规范》中对4个低温灾种的定义，识别各站历史的灾害过程并统计过程特征量，包括开始时间、结束时间、持续时间、过程中平均温度、最低温度、降温幅度、降水量等统计量；其次，根据不同灾种的成灾机理，筛选致灾因子，根据信息熵赋权法计算各致灾因子在各灾种风险评估模型中的权重系数。

### 5.3.2 致灾危险性评估技术方法

#### 5.3.2.1 致灾危险性评估

基于4种低温灾害事件，确定各类型低温灾害致灾因子，如过程持续时间、发生频次和各种能够反映灾害强度的平均统计量和极值，运用信息熵赋权法获取各因子的权重系数，具体致灾因子及对应的权重系数见表5.1。

表5.1 各灾种的致灾因子及相应的权重系数

| 灾种 | | | | | |
|---|---|---|---|---|---|
| 冷空气 | 致灾因子 | 过程持续天数 ($D_c$) | 过程发生频次 ($F_c$) | 过程累积降温幅度 ($S_{max}\Delta T$) | 过程极端最低气温 ($ET_{min}$) |
| | 权重系数 | 0.286 | 0.262 | 0.315 | 0.137 |
| 霜冻害 | 致灾因子 | 霜冻日数 ($D_f$) | 初霜日序 ($RX_a$) | 终霜日序 ($RX_b$) | 霜冻期平均最低气温 ($AT_{min}$) |
| | 权重系数 | 0.257 | 0.244 | 0.247 | 0.252 |
| 低温阴雨寡照 | 致灾因子 | 年持续天数 ($D_l$) | 发生频次 ($F_l$) | 过程平均日照时数 (PAS) | 最长持续天数 ($ED_l$) |
| | 权重系数 | 0.239 | 0.247 | 0.263 | 0.251 |
| 凝冻 | 致灾因子 | 凝冻日数 ($D_i$) | 过程发生频次 ($F_i$) | 过程平均最低气温 ($AT_{min}$) | 最长持续天数 ($ED_i$) |
| | 权重系数 | 0.271 | 0.266 | 0.266 | 0.196 |

各灾种危险性指数的计算公式如下。

(1)冷空气危险性指数计算公式如下：

$$H_c = a \times D_c + b \times F_c + c \times S_{max}\Delta T + d \times ET_{min} \tag{5.1}$$

式中，$H_c$为冷空气危险性指数；$D_c$、$F_c$、$S_{max}\Delta T$、$ET_{min}$分别是归一化后的4个致灾因子指数；$a$、$b$、$c$、$d$分别为4个致灾因子的权重系数。

(2)霜冻害危险性指数计算公式如下：

$$H_f = a \times D_f + b \times RX_a + c \times RX_b + d \times AT_{min} \tag{5.2}$$

式中，$H_f$为霜冻害危险性指数；$D_f$、$RX_a$、$RX_b$、$AT_{min}$分别是归一化后的4个致灾因子指数；

$a$、$b$、$c$、$d$ 分别为 4 个致灾因子的权重系数。

（3）低温阴雨寡照危险性指数计算公式如下：

$$H_l = a \times D_l + b \times F_l + c \times \text{PAS} + d \times \text{ED}_l \tag{5.3}$$

式中，$H_l$ 为低温阴雨寡照危险性指数；$D_l$、$F_l$、PAS、$\text{ED}_l$ 分别是归一化后的 4 个致灾因子指数；$a$、$b$、$c$、$d$ 分别为 4 个致灾因子的权重系数。

（4）凝冻危险性指数计算公式如下：

$$H_i = a \times D_i + b \times F_i + c \times \text{AT}_{\min} + d \times \text{ED}_i \tag{5.4}$$

式中，$H_i$ 为凝冻危险性指数；$D_i$、$F_i$、$\text{AT}_{\min}$、$\text{ED}_i$ 分别是归一化后的 4 个致灾因子指数；$a$、$b$、$c$、$d$ 分别为 4 个致灾因子的权重系数。

低温灾害涉及冷空气、霜冻害、低温阴雨寡照、凝冻 4 个灾害类型，分别计算各低温灾害危险性之后，将各低温灾害危险性指数加权求和得到低温灾害危险性指数。低温灾害危险性计算公示如下：

$$H = \sum_{i=1}^{n} (a_i \times H_i) \tag{5.5}$$

式中，$H$ 为致灾因子危险性指数；$H_i$ 为第 $i$ 种低温灾害（冷空气、霜冻害、低温阴雨寡照、凝冻）危险性指数；$a_i$ 为第 $i$ 种低温灾害权重系数；$n$ 为致灾因子个数，可由信息熵赋权法获得（表 5.2）。

表 5.2　各灾种在综合风险评估指标中所占的权重系数

| 致灾因子 | 冷空气 | 霜冻害 | 低温阴雨寡照 | 凝冻 |
|---|---|---|---|---|
| 权重系数 | 0.229 | 0.224 | 0.244 | 0.304 |

#### 5.3.2.2　致灾危险性分区

基于低温灾害危险性评估结果，综合考虑行政区划（或气候区、流域等），对低温灾害危险性进行基于空间单元的划分。分别将 4 种低温灾害因子的过程持续天数、过程发生频次、过程累积降温幅度和过程极端最低气温与台站地理信息（经度、纬度和海拔高度）建立推算模型，利用 ArcGIS 软件计算得到 4 种低温灾害的推算值，用各站点的实测值与推算值做算术运算得到残差值，用反距离权重插值法对其残差部分进行空间内插，将残差结果与推算结果进行叠加，得到 4 种低温灾害空间分布图，利用信息熵赋权法计算 4 种低温灾害的权重，并进行叠加计算。

基于低温致灾危险性指数，根据自然断点法，将低温致灾危险性划分为高（Ⅰ）、较高（Ⅱ）、较低（Ⅲ）、低（Ⅳ）4 个等级（表 5.3），按照行政区域绘制低温危险性区划空间分布图。

表 5.3　低温灾害危险性等级划分标准

| 等级 | 等级名称 | 标准 |
|---|---|---|
| Ⅰ | 高 | $H \geqslant (\text{ave} + \sigma)$ |
| Ⅱ | 较高 | $\text{ave} \leqslant H < (\text{ave} + \sigma)$ |
| Ⅲ | 较低 | $(\text{ave} - \sigma) \leqslant H < \text{ave}$ |
| Ⅳ | 低 | $H < (\text{ave} - \sigma)$ |

注：$H$ 为危险性指标值，ave 为区域内非 0 危险性指标值均值，$\sigma$ 为区域内非 0 危险性指标值标准差。

### 5.3.3 风险评估技术方法

致灾因子的危险性仅反映了低温可能产生的危害大小,而实际造成危害的程度还与承灾体特征有关。

#### 5.3.3.1 主要承灾体暴露度

选取人口、经济、农业(小麦、玉米、水稻)承灾体进行暴露度分析,具体方法如下。

(1)人口暴露度:人口数量(单位:人);

(2)经济暴露度:GDP(单位:万元);

(3)农业暴露度:小麦、玉米、水稻种植面积(单位:$hm^2$)。

为了消除各指标的量纲差异,对人口暴露度、经济暴露度、农业暴露度指标进行归一化处理。

#### 5.3.3.2 低温灾害风险评估

由于低温灾害涉及冷空气、霜冻害、低温阴雨寡照、凝冻4种类型,结合对不同承灾体暴露度和脆弱性评估结果,基于低温灾害风险评估模型,分别对各类低温灾害开展风险评估工作。低温灾害风险评估模型如下:

$$R = H \times E \times V \tag{5.6}$$

式中,$R$ 为特定承灾体低温灾害风险评价指数;$H$ 为致灾因子危险性指数;$E$ 为承灾体暴露度指数;$V$ 为脆弱性指数。

(1)暴露度评估

采用区域范围内人口、GDP、农作物种植面积和平均产量等作为评估指标来表征人口、经济、农作物等承灾体暴露度。

以区域范围内承灾体数量或种植面积与总面积之比作为承灾体暴露度指标为例,暴露度指数计算方法如下:

$$E_{VS} = \frac{S_E}{S} \tag{5.7}$$

式中,$E_{VS}$ 为承灾体暴露度指标;$S_E$ 为区域内承灾体数量或种植面积;$S$ 为区域总面积或耕地面积[参照《农业气象灾害风险区划技术导则》(QX/T 527—2019)]。

(2)脆弱性评估

脆弱性评估可采用区域范围内低温灾害受灾人口、直接经济损失、成灾面积、灾损率等作为评估敏感性的指标来表征脆弱性。

以区域范围内受灾人口、直接经济损失、主要农作物成灾面积与总人口、GDP、农作物总种植面积之比作为脆弱性指标为例,脆弱性指数计算方法如下:

$$V_i = \frac{S_V}{S} \tag{5.8}$$

式中,$V_i$ 为第 $i$ 类承灾体脆弱性指数;$S_V$ 为受灾人口、直接经济损失或成灾面积;$S$ 为总人口、GDP 或农作物种植总面积。

对各评估指标进行归一化处理,得到不同承灾体的脆弱性指数。

#### 5.3.3.3 低温灾害风险分区

依据风险评估结果,针对不同承灾体,使用标准差方法定义风险等级区间,将低温灾害风险按 5 个等级划分。风险等级划分标准见表 5.4。

表 5.4  低温灾害风险区划等级划分标准

| 等级 | 等级名称 | 标准 |
| --- | --- | --- |
| Ⅰ | 高 | $R \geqslant (\text{ave}+\sigma)$ |
| Ⅱ | 较高 | $(\text{ave}+0.5\sigma) \leqslant R < (\text{ave}+\sigma)$ |
| Ⅲ | 中 | $(\text{ave}-0.5\sigma) \leqslant R < (\text{ave}+0.5\sigma)$ |
| Ⅳ | 较低 | $(\text{ave}-\sigma) \leqslant R < (\text{ave}-0.5\sigma)$ |
| Ⅴ | 低 | $R < (\text{ave}-\sigma)$ |

注：$R$ 为风险评估结果指标值，ave 为区域内非 0 风险指标值均值，$\sigma$ 为区域内非 0 风险值标准差。

## 5.4 致灾因子特征分析

### 5.4.1 冷空气

统计 1978—2020 年遵义市所辖县(市、区)14 个国家级地面气象站中单站冷空气数量超过 3 站的区域冷空气的年日数，多年平均值为 10.8 d，呈略有下降的变化趋势(图 5.2)。

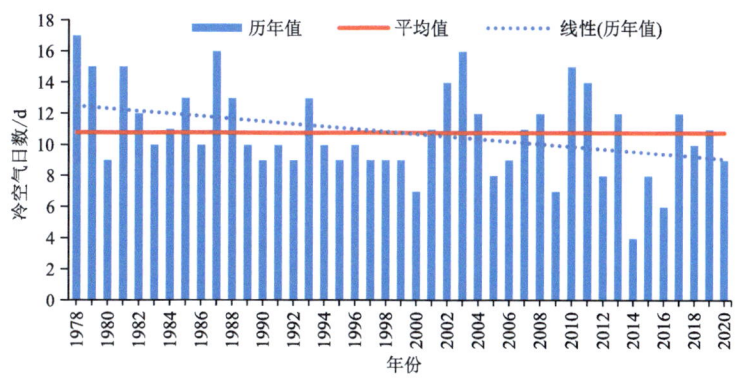

图 5.2  遵义市 1978—2020 年区域冷空气平均日数年际变化

图 5.3 是遵义市 1978—2020 年各站冷空气年平均日数的空间分布，总体呈南多北少的分布趋势，位于南部的余庆县冷空气年平均日数最多，为 38 d，播州和仁怀的冷空气年平均日数在 34 d 以上，绥阳和湄潭也达到了 32 d 以上，赤水仅为 18.1 d，是冷空气年平均日数最低的地区，务川为次低中心，冷空气年平均日数为 23.4 d。

图 5.4 是遵义市 1978—2020 年冷空气过程中极端最低气温的空间分布，遵义市中东部大部分地区极端最低气温介于 $-5 \sim -3$ ℃，习水北部有一个 $-8.6$ ℃ 的低值中心，赤水极端最低气温仅为 $-1.8$ ℃。

从冷空气日数年内分布情况来看，遵义市春季冷空气活动最为频繁，有 4 成冷空气日数均出现在春季，秋季次之，占比 30.2%，冬季占比 25.3%，夏季冷空气过程很少见，仅占比 5%。出现冷空气过程最多的月份为 4 月(图 5.5)。

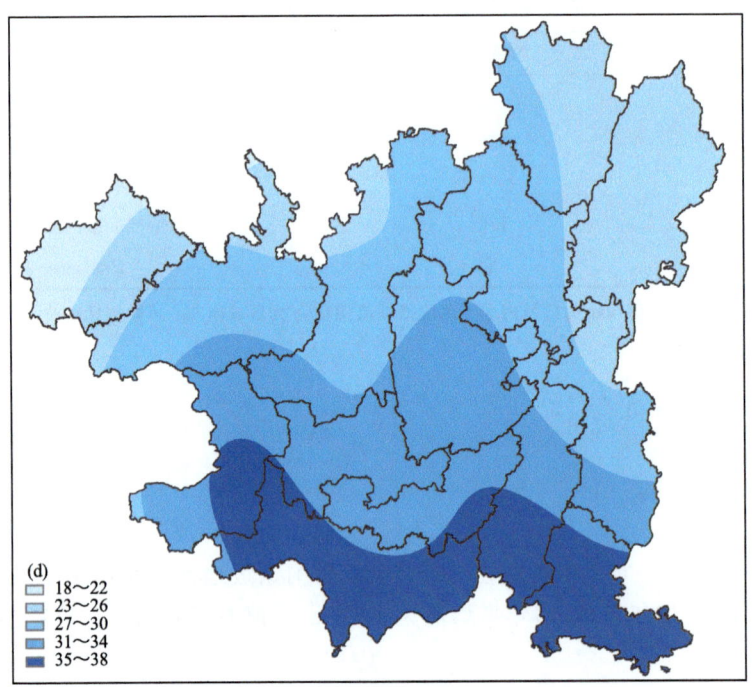

图 5.3　遵义市 1978—2020 年冷空气年平均日数空间分布

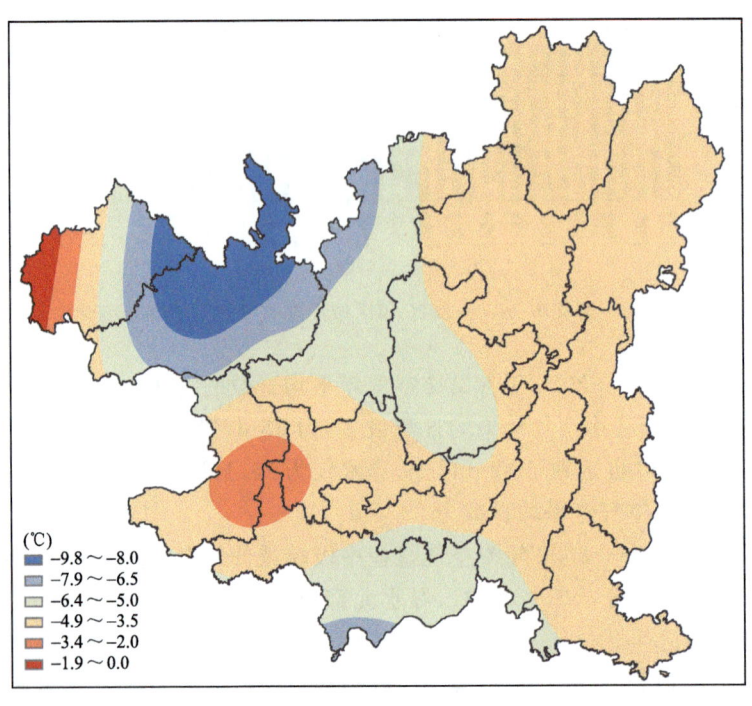

图 5.4　遵义市 1978—2020 年冷空气过程中极端最低气温空间分布

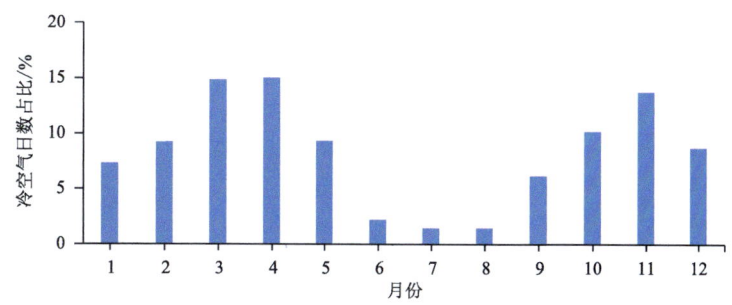

图 5.5　遵义市 1978—2020 年冷空气过程平均日数各月占比

### 5.4.2　霜冻害

统计 1978—2020 年遵义市所辖县(市、区)14 个国家级地面气象站霜冻日数的年际变化(图 5.6),历史平均值为 15.0 d,气候平均值为 13.2 d,呈明显下降趋势,下降梯度达到 −2.6 d/10a,说明遵义市霜冻害在气候尺度上表现为减少和减轻的趋势。

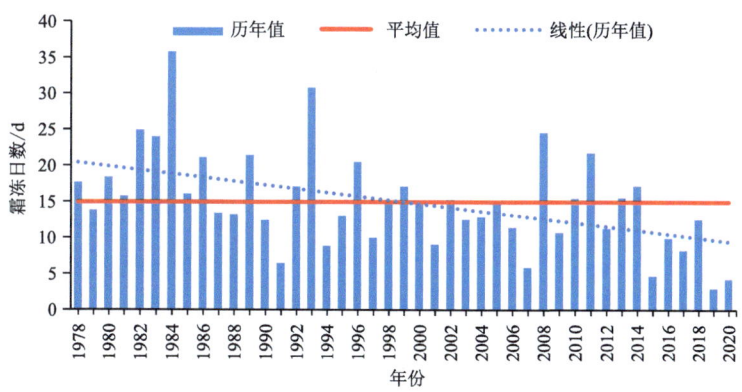

图 5.6　遵义市 1978—2020 年霜冻日数年际变化

遵义市 1978—2020 年年平均霜冻日数的空间分布呈中部区域西北—东南向为高值区的分布形势,习水是霜冻日数最多的地区,年平均霜冻日数达到 22.6 d,湄潭次之,为 20.7 d,播州、桐梓、凤冈、道真均处于 18~19 d,赤水霜冻日数最少,气候年平均为 0.7 d(图 5.7)。

从遵义市 1978—2020 年平均初霜日序空间分布来看,近 43 a 平均初霜日序为第 346 d(即 12 月 12 日),初霜日最早出现的地区在习水、桐梓、绥阳和凤冈一带,年平均值为第 341 d(12 月 7 日),初霜日最晚的地区在赤水,属于霜冻灾害轻的地区(图 5.8)。

从遵义市 1978—2020 年平均终霜日序空间分布来看(图 5.9),近 43 a 平均终霜日序为第 45 d(2 月 14 日)。终霜日最早出现的地区在霜冻较少出现的赤水,终霜日序为第 10 d(1 月 10 日),汇川和红花岗和余庆南部地区的平均终霜日也在 1 月 20 日左右,终霜日最晚的地区在桐梓和习水,终霜日序的年平均值在 57~61 d(2 月 26 日至 3 月 2 日)。

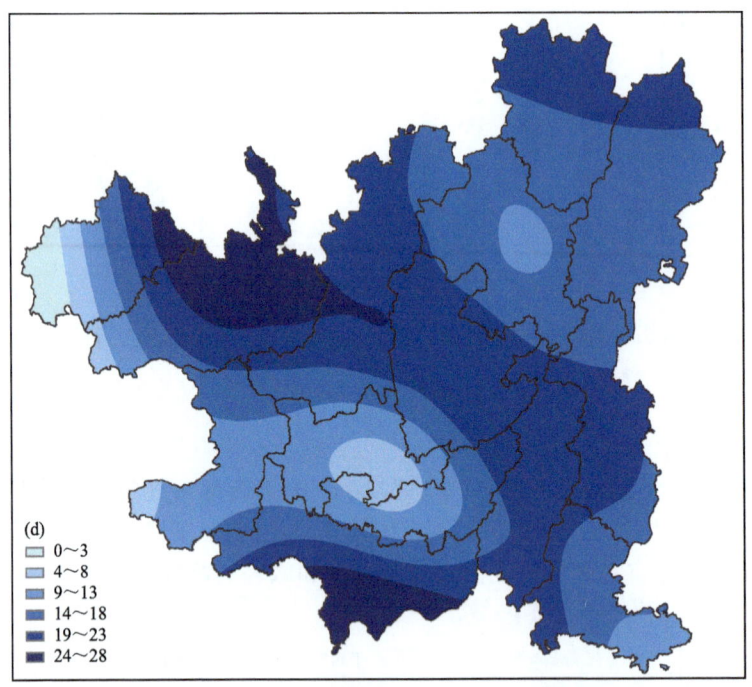

图 5.7　遵义市 1978—2020 年年平均霜冻日数空间分布

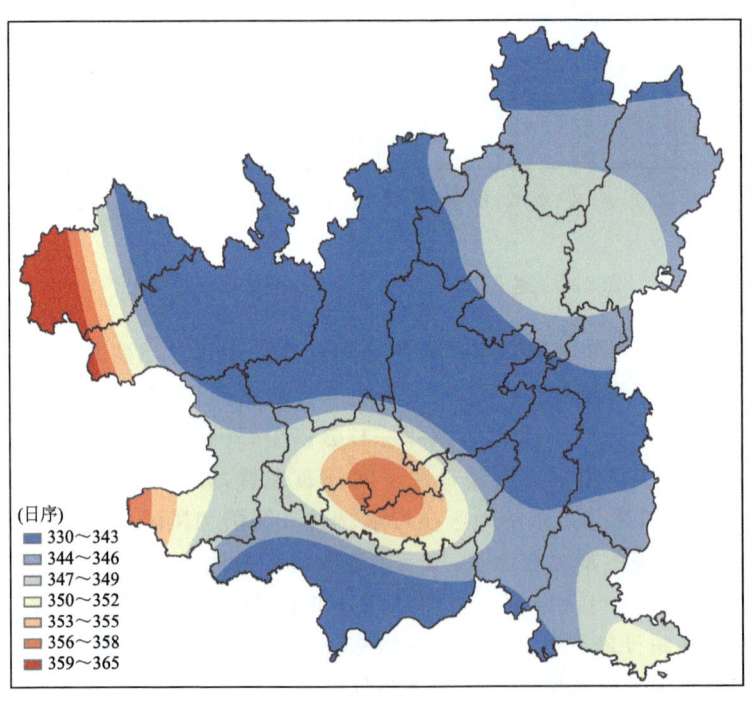

图 5.8　遵义市 1978—2020 年平均初霜日序空间分布

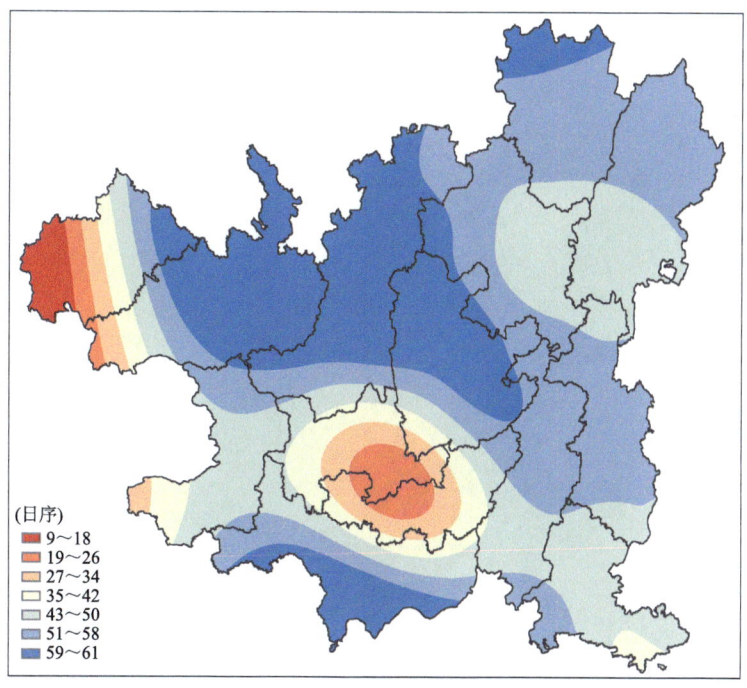

图 5.9 遵义市 1978—2020 年平均终霜日序空间分布

## 5.4.3 低温阴雨寡照

统计 1978—2020 年遵义市所辖县(市、区)14 个国家级地面气象站中单站低温阴雨寡照站数超过 3 站的区域过程的低温阴雨寡照日数,多年平均为 9.0 d,变化趋势不明显(图 5.10)。

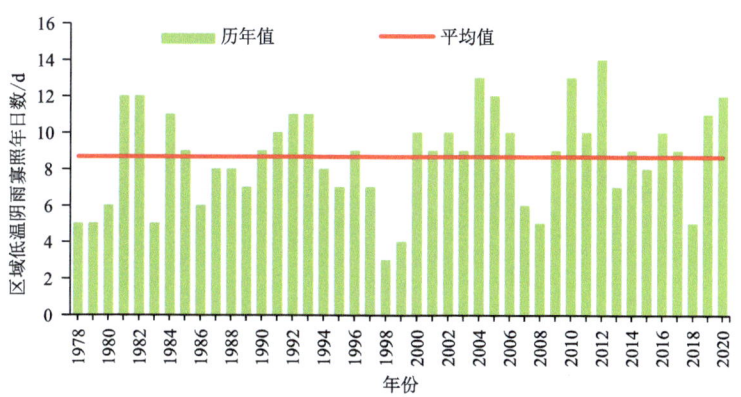

图 5.10 遵义市 1978—2020 年区域低温阴雨寡照日数年际变化

遵义市 1978—2020 年低温阴雨寡照日数的年平均为 38.5 次,发生频次平均为 3.8 次,年平均日数最大的地区位于习水,年日数达到 82.2 d,年发生频次在 5~6 次,历史上有 6 a 的年累积天数达到 150 d 以上,是低温阴雨寡照灾害最严重的地区,播州年平均日数为 62.3 d,绥阳和湄潭分别为 54 d 和 50 d,赤水是低温阴雨寡照的低值地区,年平均日数为 3.3 d,道真年平均日数也较低,为 16.6 d(图 5.11)。

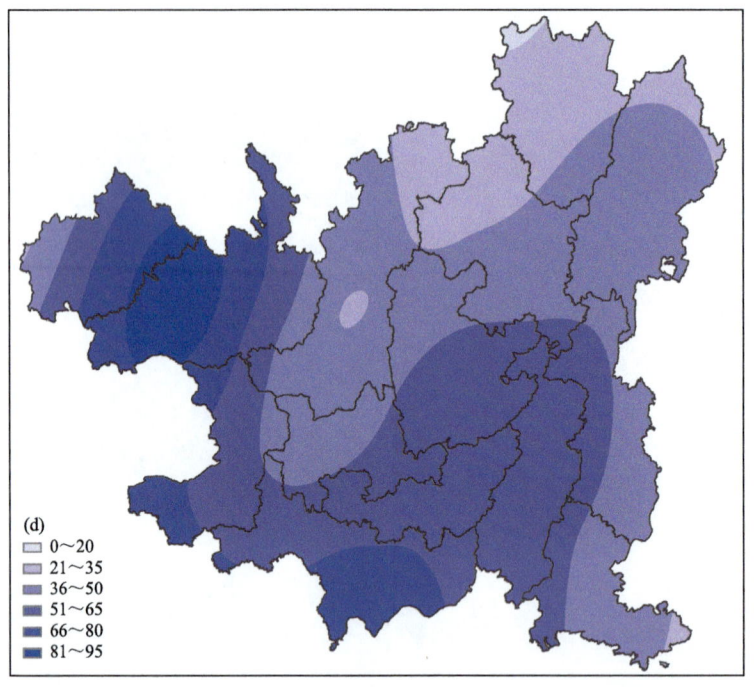

图 5.11　遵义市 1978—2020 年低温阴雨寡照年平均日数空间分布

遵义市 1978—2020 年低温阴雨寡照日数单次过程持续最长的天数的平均为 26.5 d,持续时间最长的年份是 1991 年,从 1991 年 1 月 3 日开始至 1991 年 2 月 2 日结束,习水和播州两站均持续 31 d,道真是低温阴雨寡照的低值地区,单次过程持续最长日数为 19 d(图 5.12)。

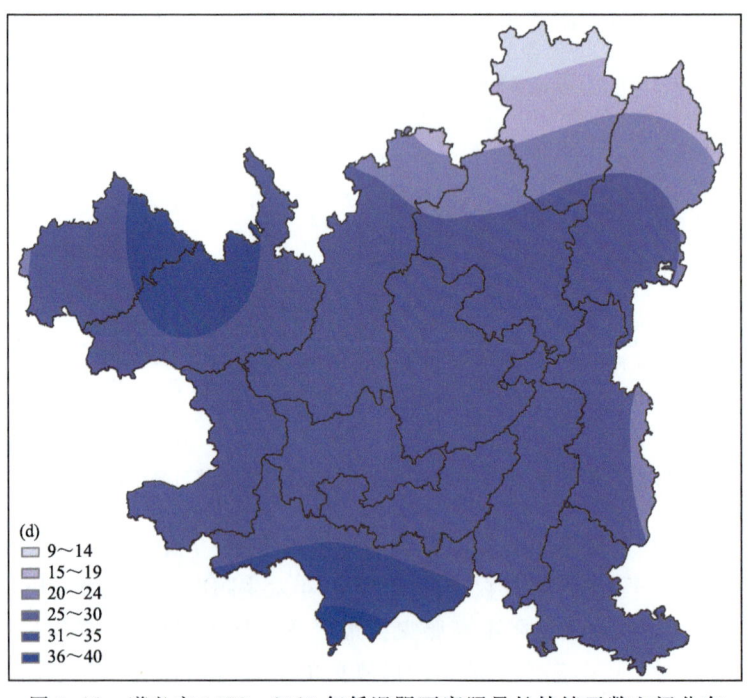

图 5.12　遵义市 1978—2020 年低温阴雨寡照最长持续天数空间分布

从低温阴雨寡照日数的各月分布上来看,遵义市低温阴雨寡照主要发生在春、秋、冬3个季节,秋季占比34.1%,春季占比33.0%,冬季占比31.0%,期间各月分布差异不大,10月是全年出现低温阴雨寡照日数最多的月份,占比达到15%以上(图5.13)。

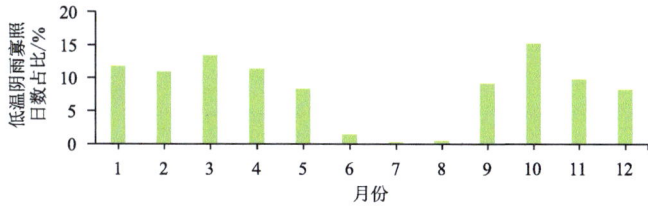

图5.13 遵义市1978—2020年低温阴雨寡照日数各月占比

## 5.4.4 凝冻

遵义市凝冻灾害较轻,历史上未发生过持续3 d或3 d以上的区域凝冻过程。从遵义市1978—2020年凝冻日数发生站次的年际变化来看,历史平均年凝冻日数为18.5站次,遵义市的凝冻日数近年来有明显的减少。1978年以来,只有1983年、2007年、2010年和2017年冬季超过历史平均值,近3成的年份未出现过凝冻天气过程(图5.14)。

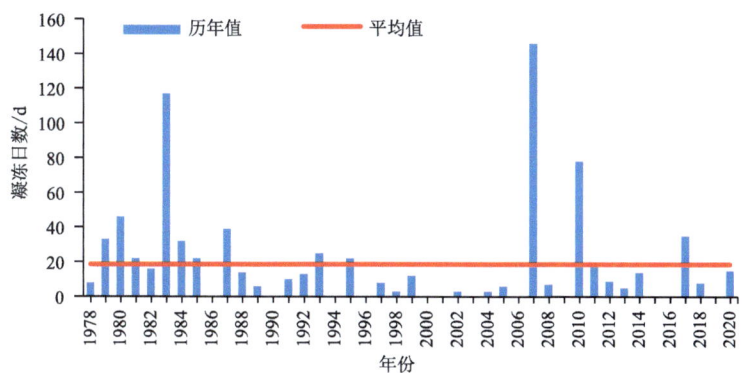

图5.14 遵义市1978—2020年平均年凝冻日数年际变化

从凝冻日数的全年各月分布上来看,遵义市凝冻几乎全部发生在冬季,且主要集中在1月,1月占比70%,2月占比19%,12月占比为10%(图5.15)。

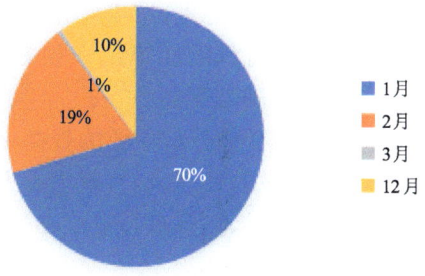

图5.15 遵义市凝冻日数月占比

遵义市1978—2020年凝冻过程累积日数的年平均为1.6 d,凝冻发生频次的平均为0.2次,习水和播州年平均日数超过4 d,两地43 a内发生次数均超过35次,其次是湄潭,年平均日数超过2 d,43 a累积发生频次达到21次。赤水没有出现过凝冻灾害,另外,道真的观测站海拔较低,未观测到凝冻过程,但道真县内海拔较高的地区存在凝冻灾害,其余站点的年平均日数均为1 d左右(图5.16)。

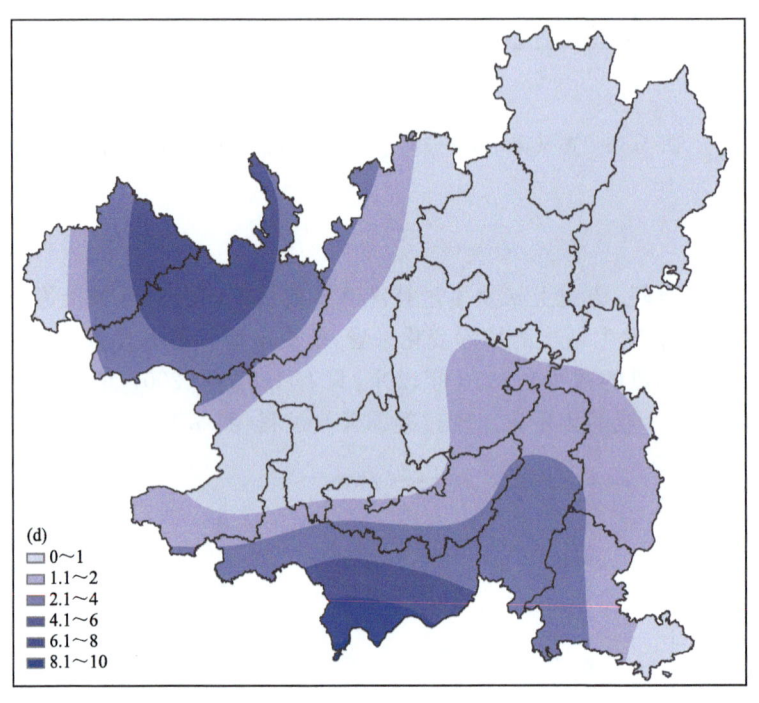

图5.16　遵义市1978—2020年平均凝冻日数空间分布

遵义市1978—2020年凝冻过程最长持续天数的平均为14.4 d,习水发生在1983年冬季的一次凝冻过程持续了26 d,其次是汇川和红花岗发生在2008年1月的一次凝冻过程持续了21 d,播州、湄潭和凤冈一带的历史单次凝冻持续时间也有15～20 d不等(图5.17)。

## 5.5　致灾危险性评估与区划

从遵义市低温致灾危险性区划空间分布可见,遵义市大部分地区为较高—高危险性等级,仅西部、南部以及部分零星地区为低—较低危险性等级。遵义市区即红花岗区、播州区、汇川区为较高—较低危险性等级;中部及北部即道真县、正安县、务川县、桐梓县、绥阳县县内大部分海拔较高地区均为高危险性等级,县城所处行政中心为较高—较低危险性等级;东南部的凤冈县、湄潭县、余庆县大部分地区为较高危险性等级,行政中心为较高—较低危险性等级;西部赤水市大部分地区为低危险性等级,习水县、仁怀市行政中心为较低危险性等级(图5.18)。

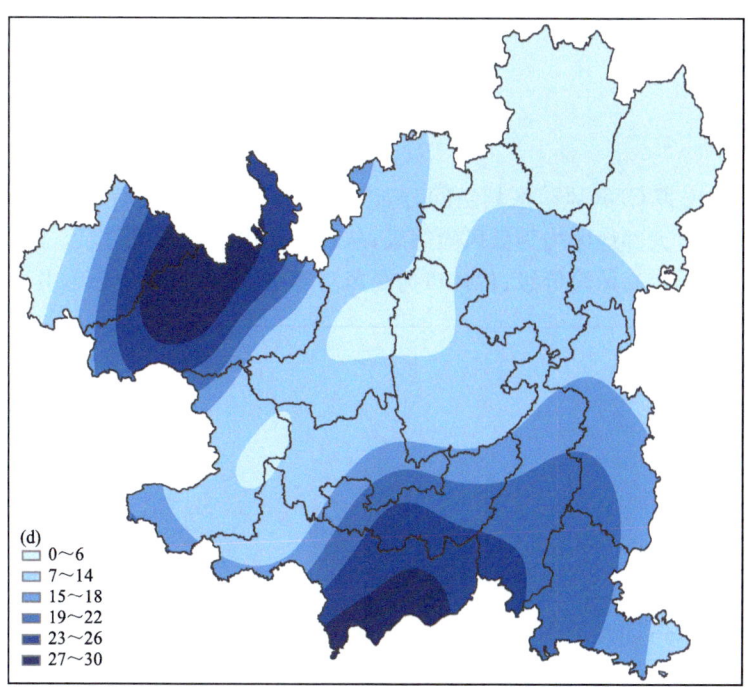

图 5.17 遵义市 1978—2020 年凝冻过程最长持续天数空间分布

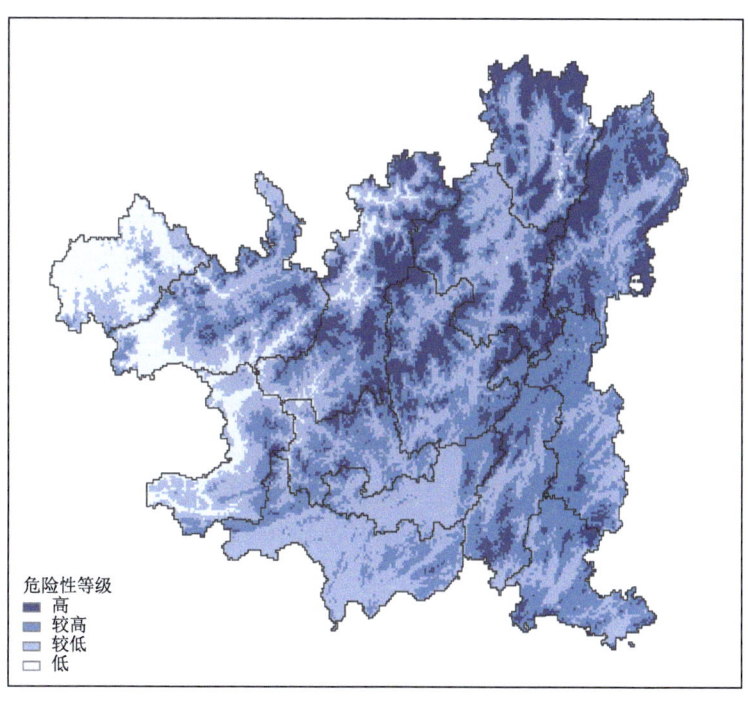

图 5.18 遵义市低温致灾危险性区划空间分布

## 5.6 风险评估与区划

### 5.6.1 GDP风险评估

由遵义市低温灾害GDP风险区划空间分布可见(图5.19),除各行政中心及部分零星乡镇政府所在地外,遵义市大部地区均为低风险等级,从各行政中心来看,汇川区、红花岗区、播州区、正安县、习水县为中—较高风险等级;仁怀市为高风险等级;其余行政中心为中—较低风险等级。

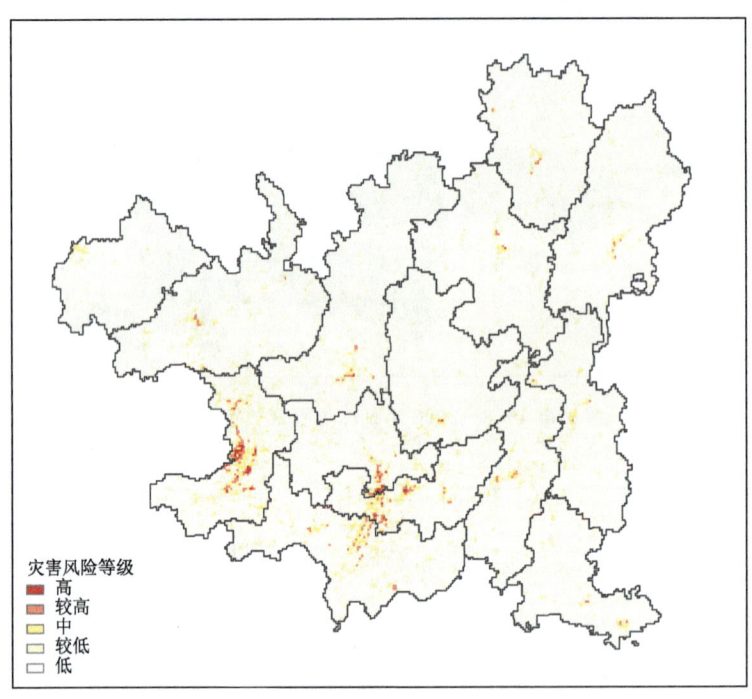

图5.19 遵义市低温灾害GDP风险区划空间分布

### 5.6.2 人口风险评估

由遵义市低温灾害人口风险区划空间分布可见(图5.20),除各行政中心及部分零星乡镇政府所在地外,遵义市大部地区均为低风险等级,从各行政中心来看,汇川区、红花岗区、播州区、仁怀市、桐梓县、绥阳县、湄潭县、正安县、道真县、务川县等县级行政中心为较高—高风险等级;习水县、凤冈县、余庆县、赤水市县级行政中心为中—较高风险等级。

### 5.6.3 小麦风险评估

由遵义市低温灾害小麦风险区划空间分布可见(图5.21),习水县中部和南部地区、仁怀市西南部部分地区为较高—高风险等级;桐梓县北部部分乡镇、正安县瑞溪镇、播州区的新民镇、龙坪镇、鸭溪镇和乐山镇以及绥阳县等零星乡镇为较低风险等级,遵义市其余大部地区小麦分布面积少,是低温灾害低风险地区,为低风险等级。

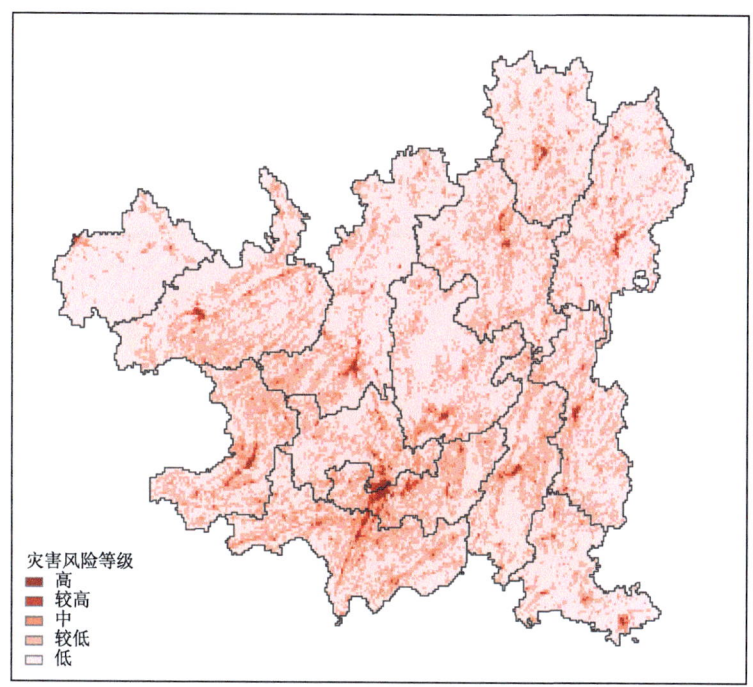

图 5.20 遵义市低温灾害人口风险区划空间分布

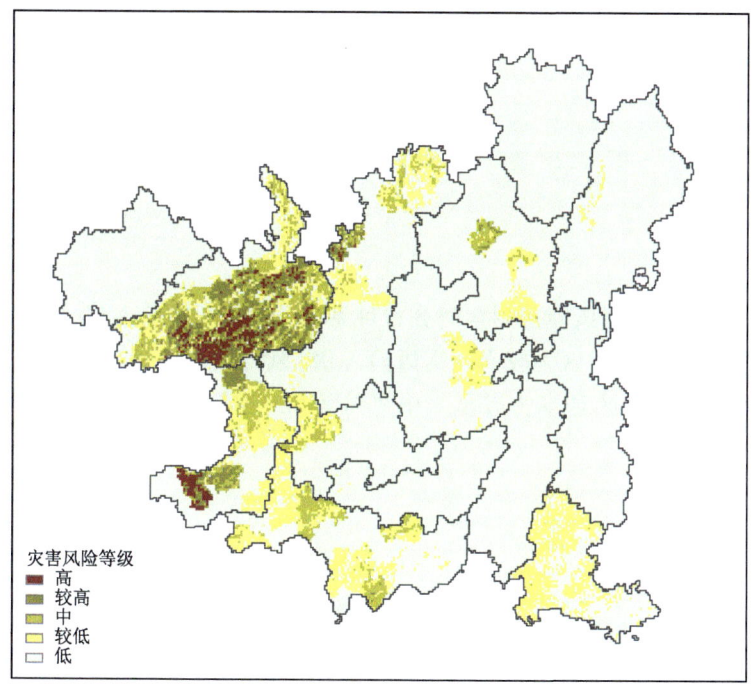

图 5.21 遵义市低温灾害小麦风险区划空间分布

### 5.6.4 玉米风险评估

由遵义市低温灾害玉米风险区划空间分布可见(图5.22)，红花岗东部有连片的高风险等级区，汇川区的东北部为较高—高风险等级；务川中部，湄潭、凤冈和余庆大部分地区，红花岗北部，汇川西南部地区主要为中—较高风险等级；道真、正安、绥阳、播州、桐梓、仁怀、习水大部分地区为较低—中风险等级；其余无玉米种植的地区为低风险等级。

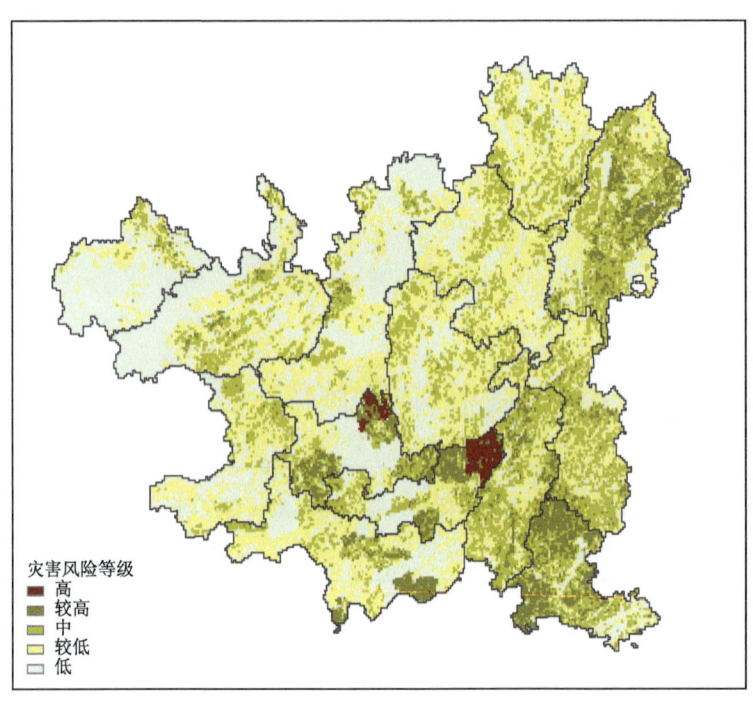

图5.22 遵义市低温灾害玉米风险区划空间分布

### 5.6.5 水稻风险评估

由遵义市低温灾害水稻风险区划空间分布可见(图5.23)，绥阳南部、红花岗东部、湄潭中部和北部、播州东部大部分地区为较高—高风险等级；凤冈大部分地区为中—较高风险等级；其余有水稻分散分布的地区基本为较低—中风险等级；遵义市无水稻种植的地区为低风险等级。

## 5.7 总结

1978—2020年，遵义市冷空区域过程日数年平均为10.8 d，呈南多北少分布趋势。霜冻日数气候平均为13.2 d，呈明显下降趋势，遵义市各站年平均霜冻日数为12.8 d，习水、桐梓、绥阳一带霜期长，霜冻害相对较重。低温阴雨寡照日数年平均为9.0 d，发生频次为3.8次，习水、播州、湄潭和绥阳年发生频次分别在4～6次，天数在50～62 d，是相对严重的地区。遵义市气候平均年凝冻日数为1.6 d，凝冻过程最长持续天数的平均为14.4 d，1月的凝冻日数占

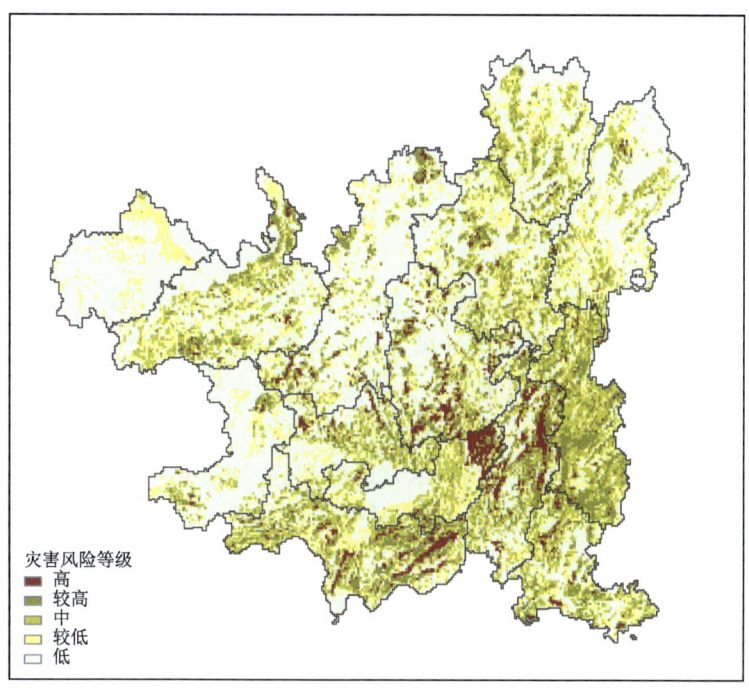

图 5.23 遵义市低温灾害水稻风险区划空间分布

全年总数 70%，习水和播州是凝冻发生频率相对较高的地区。

遵义市低温致灾危险性区划表明，大部分海拔较高地区为较高—高危险性等级，仅西部、南部以及部分零星地区为低—较低危险性等级。遵义市低温灾害 GDP 风险分布仁怀市行政中心为高风险等级；玉米风险区划表明红花岗东部有连片的高风险等级区，汇川区的东北部为较高—高风险等级，务川中部，湄潭、凤冈和余庆大部分地区，红花岗北部，汇川西南部地区主要为中—较高风险等级；水稻风险区划表明绥阳南部、红花岗东部、湄潭中部和北部、播州东部大部分地区为较高—高风险等级，凤冈大部分地区为中—较高风险等级，其余有水稻分散分布的地区基本为较低—中风险等级。

# 第 6 章 大 风

根据《地面气象观测规范 天气现象》(GB/T 35224—2017),大风定义如下:大风是指瞬时风速达到或超过 17.2 m/s(或目测估计风力达到或超过 8 级)的风。大风灾害是指风力≥8 级的风引起的灾害,是重要的气象灾害之一。作为一种突发性的灾害,它往往在很短时间就会对人类的生产、生活造成较大伤害。大风不仅会毁坏房屋、折断树木、损害农作物、增加森林起火风险、刮倒电线杆、吹飞广告牌,对交通、电力通信、渔业等造成直接影响,进而造成人员伤亡等,还会加剧其他自然灾害的危害程度,如在夏季强对流天气情况下常有雷暴、大风天气等。开展大风灾害调查与危险性评估,为政府有效开展大风灾害防治和应急管理工作,切实保障社会经济可持续发展,提供权威的大风灾害危险性信息和科学决策依据。

## 6.1 数据准备与处理

本章使用的资料为遵义市所辖县(市、区)14 个国家级地面气象站的大风天气现象、极大风速和风向逐日数据,大风天气现象时间为 1978—2020 年,极大风速和风向时间为 1992—2020 年,数据来源为贵州省气象信息中心。

基础地理信息:包括县界、30″×30″网格。

大风名词定义如下:

大风:由非台风天气系统导致发生的日极大风速达 17.2 m/s(八级)及以上的风。

## 6.2 大风灾情统计

据不完全统计,2000—2020 年遵义市发生的风雹(大风和冰雹)灾害共造成直接经济损失 15.57 亿元。其中,2002 年风雹灾害造成的直接经济损失最大,为 3.3 亿元(图 6.1)。

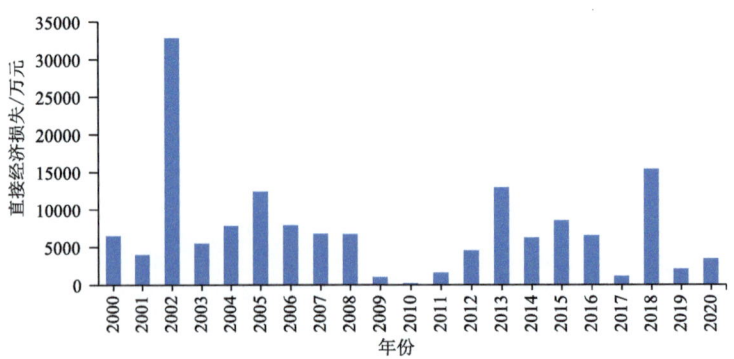

图 6.1 遵义市 2000—2020 年风雹灾害直接经济损失变化

## 6.3 技术方法

### 6.3.1 致灾因子选取

选择发生大风的年平均次数(频次,d/a)和极大风速大小(强度,m/s)作为大风灾害致灾因子。

### 6.3.2 致灾危险性评估技术方法

选择发生大风的年平均次数(频次,d/a)和极大风速大小(强度,m/s)作为大风灾害致灾因子的危险性指数($H$),$H$ 可表示为:

$$H = W_G \times G + W_P \times P \tag{6.1}$$

式中,$G$ 为大风强度;$P$ 为大风频次;$W_G$、$W_P$ 分别为 $G$、$P$ 的权重,采用层次分析法对归一化处理后的大风强度和频次分别赋予权重;$W_G$ 为 1/3,$W_P$ 为 2/3。

基于大风致灾危险性指数,根据自然断点法,将大风致灾危险性划分为高(Ⅰ)、较高(Ⅱ)、较低(Ⅲ)、低(Ⅳ)4 个等级,按照行政区域绘制大风危险性区划空间分布图。

### 6.3.3 风险评估技术方法

#### 6.3.3.1 承灾体暴露度评估

暴露度评估采用评估范围内人口、GDP、农作物(玉米、水稻)种植面积经过归一化处理作为大风暴露的评估指标,得到不同承灾体的暴露度指数。

#### 6.3.3.2 承灾体脆弱性评估

围绕人口、经济、农业等承灾体,选择相应的大风灾情损失指标,如:大风受灾人口、大风直接经济损失、大风农业成灾面积等计算相应的灾损率。

$$受灾人口率 = 受灾人口/总人口$$
$$直接经济损失率 = 直接经济损失/区域 GDP$$
$$农业面积成灾率 = 农业成灾面积/农业种植面积$$

#### 6.3.3.3 大风灾害风险评估

根据大风灾害的成灾特征和风险评估的目的、用途,选择加权求积评估模型,权重确定方法采用信息熵赋权法。

加权求积评估模型如下:

$$I_{HRI} = I_{VH} \times I_{VSI} \times I_{VE} \tag{6.2}$$

式中,$I_{HRI}$ 为特定承灾体大风灾害风险评估指数;$I_{VH}$ 为致灾因子危险性指数;$I_{VSI}$ 为承灾体暴露度指数;$I_{VE}$ 为脆弱性指数。

若无脆弱性资料,可只对致灾危险性和承灾体暴露度进行加权求积,得到风险评估结果。

#### 6.3.3.4 大风灾害风险分区

依据风险评估结果,结合行政单元,采用自然断点法,对风险评估结果进行空间划分,将大风灾害风险划分为高(Ⅰ)、较高(Ⅱ)、中(Ⅲ)、较低(Ⅳ)、低(Ⅴ)5 个等级。

## 6.4 致灾因子特征分析

### 6.4.1 大风日数

#### 6.4.1.1 时空特征

图 6.2 是遵义市 1978—2020 年年大风日数变化。从图中可以看出,遵义市多年大风日数的平均值为 0.9 d,其中,1985 年的大风日数最多,为 2.54 d。1985 年以后,遵义市年大风日数呈逐渐减少趋势。

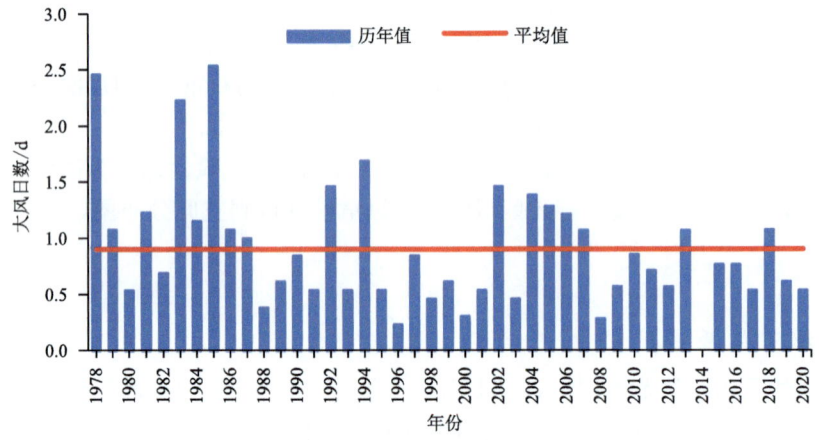

图 6.2　遵义市 1978—2020 年年大风日数变化

图 6.3 是遵义市 1978—2020 年月大风日数变化。从图中可以看出,遵义市大风日数集中在 4—5 月、7—8 月,其中,8 月最多,为 0.23 d;12 月最少,未出现大风天气。

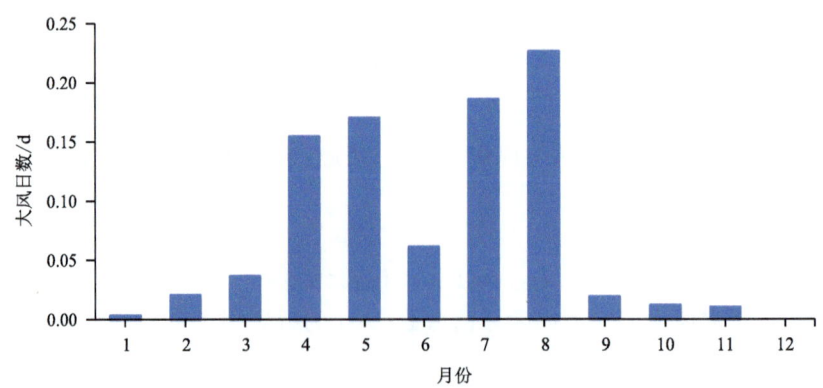

图 6.3　遵义市 1978—2020 年月大风日数变化

图 6.4 是遵义市 1978—2020 年平均大风日数空间分布。从图中可以看出,遵义市大风日数总体呈自西北向东南减少趋势,年平均大风日数在 1 d 以上的县站有:桐梓、汇川、余庆、正

安、遵义城市站和赤水,其中,以桐梓年大风日数最大,平均为 1.8 d;而其余地区年平均大风日数在 1 d 以下,其中,以播州年大风日数最小,平均为 0.3 d。

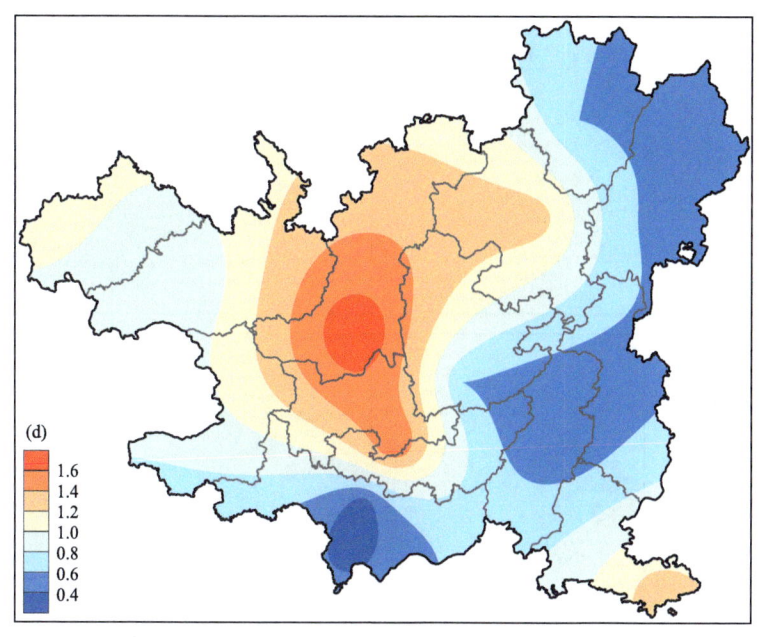

图 6.4 遵义市 1978—2020 年平均大风日数空间分布

### 6.4.1.2 重现期

图 6.5 是遵义市大风日数不同重现期空间分布。从图中可以看出,遵义市 5 a、10 a、20 a、50 a 和 100 a 一遇的年大风日数总体呈自西向东减少趋势(0.9~4 d、1.5~5.9 d、2~8 d、2.5~10.8 d 和 2.9~13.2 d),3 个大值中心分别位于桐梓、遵义城市站和赤水。

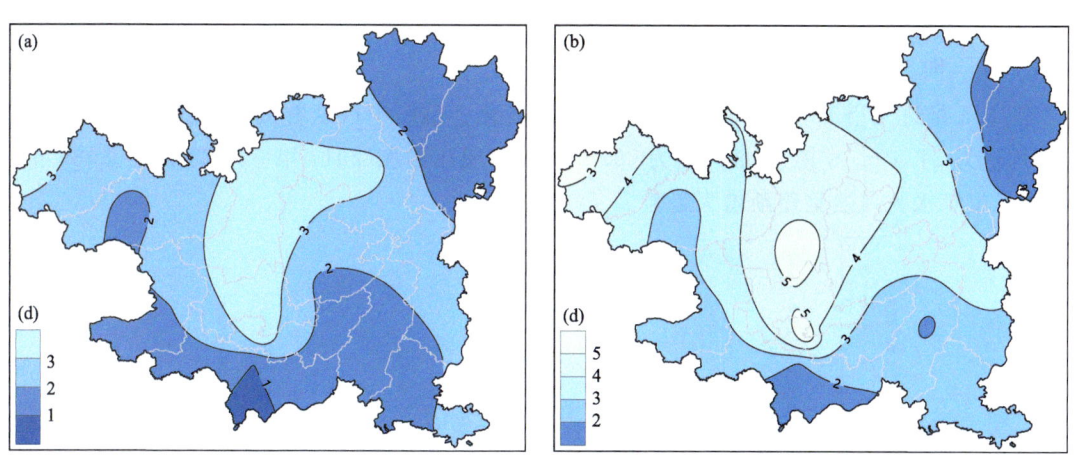

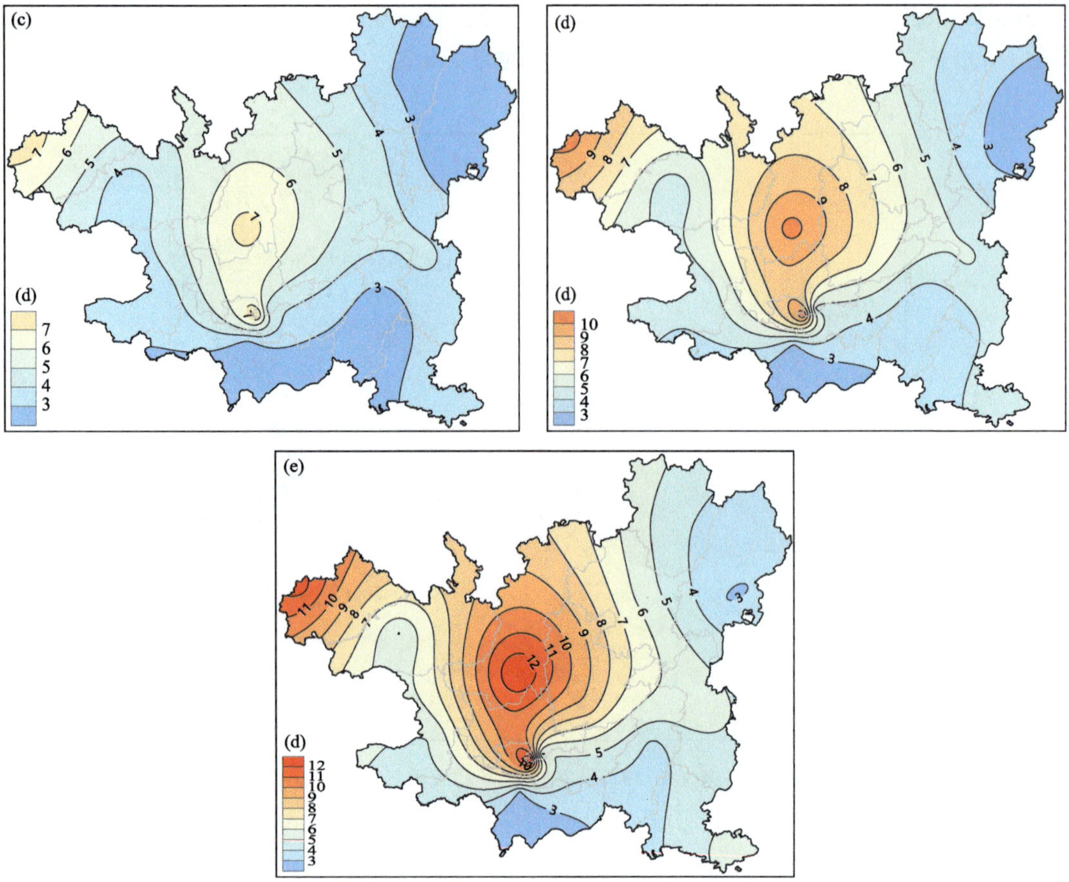

图 6.5　遵义市大风日数不同重现期空间分布

（a～e 分别表示重现期为 5 a、10 a、20 a、50 a 和 100 a）

## 6.4.2　极大风速

### 6.4.2.1　时空特征

图 6.6 是遵义市 1978—2020 年年极大风速变化。从图中可以看出，遵义市多年极大风速的平均值为 21.4 m/s，其中，最大值为 29.8 m/s，出现在赤水（2018 年 7 月 22 日）。1986 年以后，遵义市年极大风速呈逐渐增大趋势。

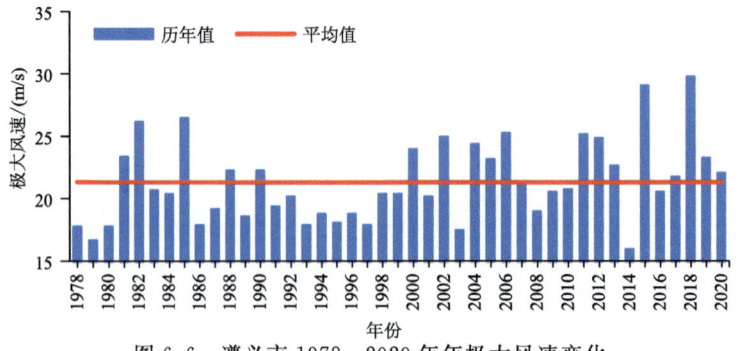

图 6.6　遵义市 1978—2020 年年极大风速变化

图 6.7 是遵义市 1978—2020 年月极大风速变化。从图中可以看出,遵义市月极大风速的最大值出现在 7 月,为 29.8 m/s,最小值出现在 12 月,为 15.8 m/s。

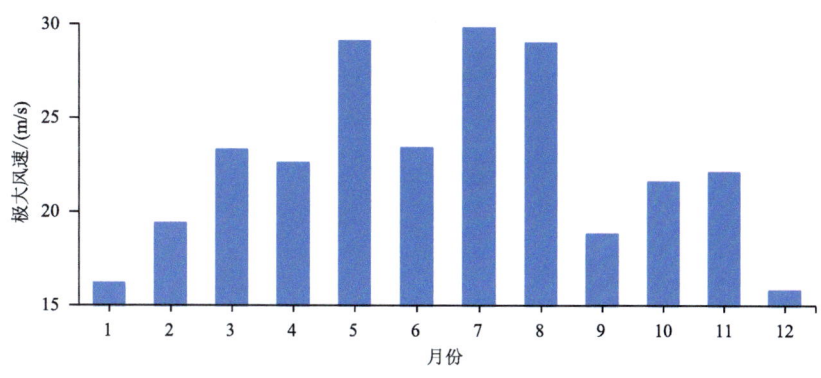

图 6.7　遵义市 1978—2020 年月极大风速变化

图 6.8 是遵义市 1978—2020 年极大风速空间分布。从图中可以看出,遵义市极大风速的大值区位于赤水、仁怀和道真,逐渐向东向南减小。其中,以赤水的极大风速最大,为 29.8 m/s,而最小值为习水和凤冈,为 20.6 m/s。

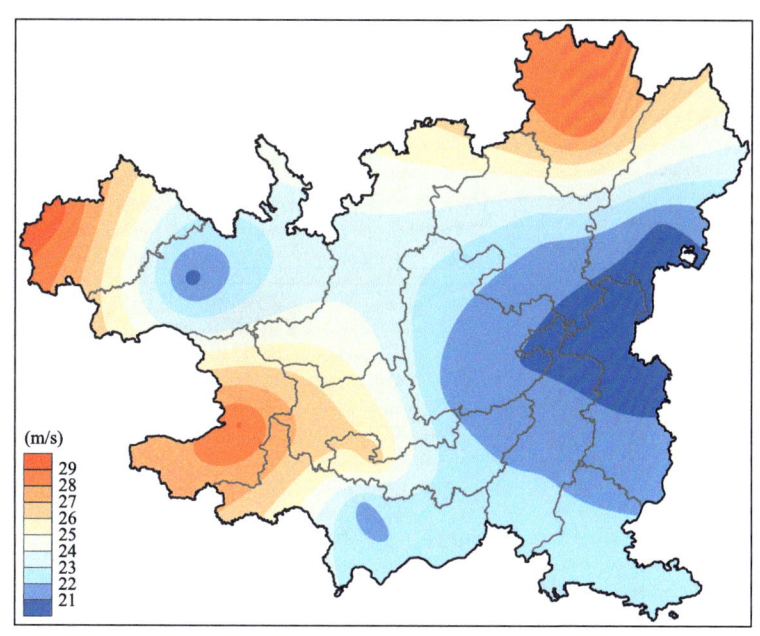

图 6.8　遵义市 1978—2020 年极大风速空间分布

#### 6.4.2.2　重现期

图 6.9 是遵义市极大风速不同重现期空间分布。遵义市 5 a 一遇的极大风速在 15.2～22.1 m/s(仁怀),总体呈自西南向东北减小趋势;10 a 一遇的极大风速在 16.9～24.3 m/s(仁怀),总体亦呈自西南向东北减小趋势;20 a、50 a 和 100 a 一遇的极大风速变化分别为 18.7～

26.8 m/s(仁怀)、20.5～43.4 m/s(播州)和20.8～69.9 m/s(播州),总体来说大值区位于遵义市的西部、北部和南部地区。

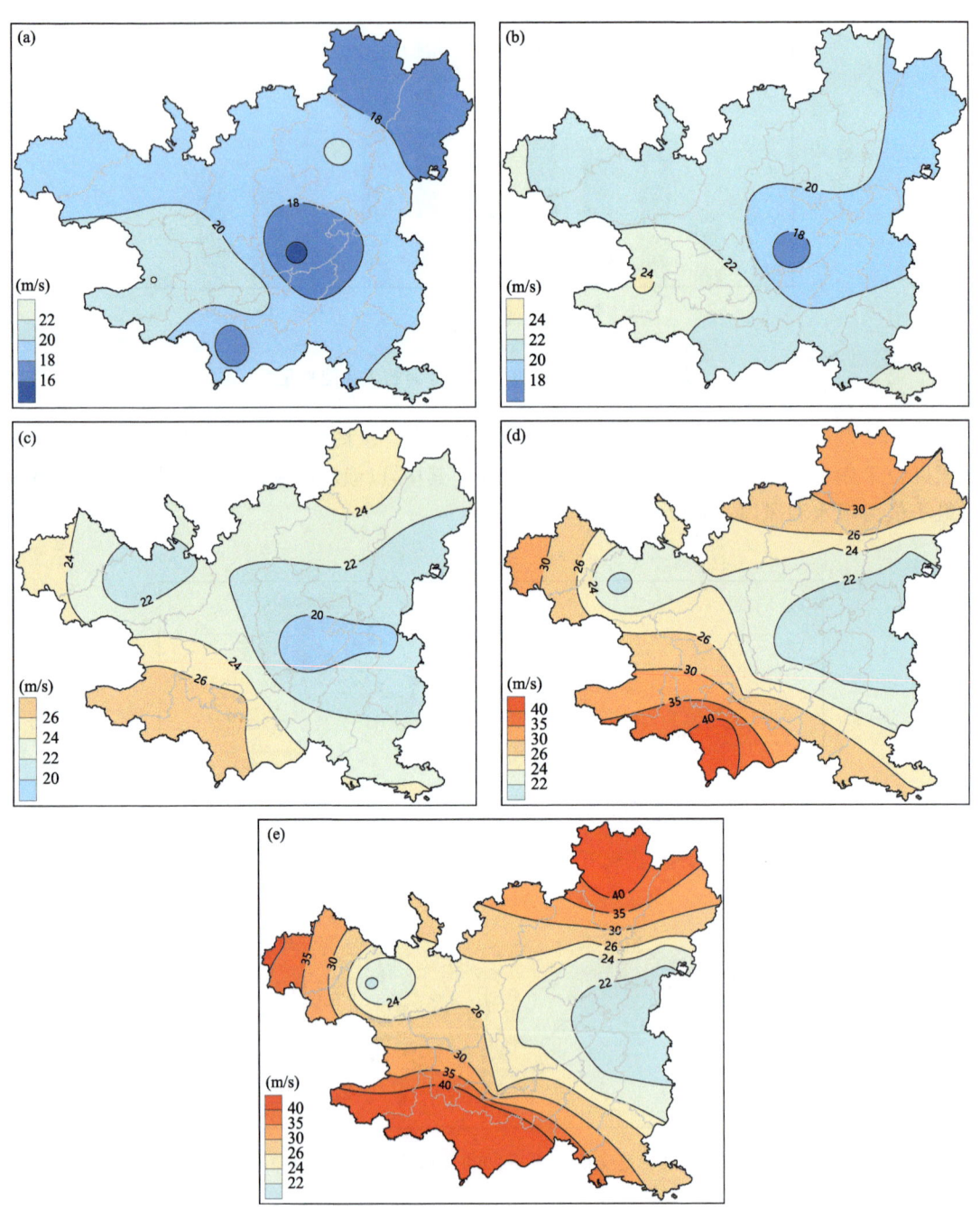

图6.9 遵义市极大风速不同重现期空间分布
(a~e分别表示重现期为5 a、10 a、20 a、50 a和100 a)

## 6.5 致灾危险性评估与区划

### 6.5.1 致灾危险性气象站点及权重

用于遵义市大风致灾危险性评估的气象站点共计 14 个,均为国家级地面气象站(图 6.10)。大风强度和大风频次的权重系数分别为 0.333 和 0.667。

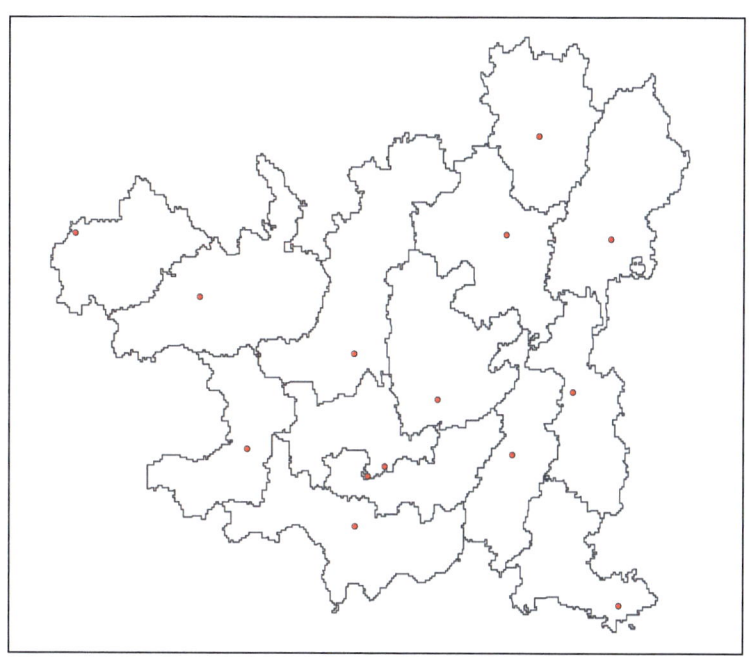

图 6.10 遵义市大风致灾危险性气象站点空间分布

### 6.5.2 致灾危险性区划

遵义市大风致灾危险性等级相对全省属于低等级。从遵义市大风致灾危险性区划空间分布来看(图 6.11),总体呈北高南低的分布趋势,高危险性等级主要分布在东北部,其余地区主要为低—较高危险性等级。道真县北部和中部地区、务川县少部地区属于高危险性等级;桐梓县北部边缘地区、正安县北部地区、道真县南部地区、务川县北部地区属于较高危险性等级;桐梓县北部部分地区、正安县中部和南部地区、绥阳县北部地区、务川县大部分地区、赤水市少部分地区、习水县少部分地区危险性等级属于较低等级;其他地区属于低危险性等级。

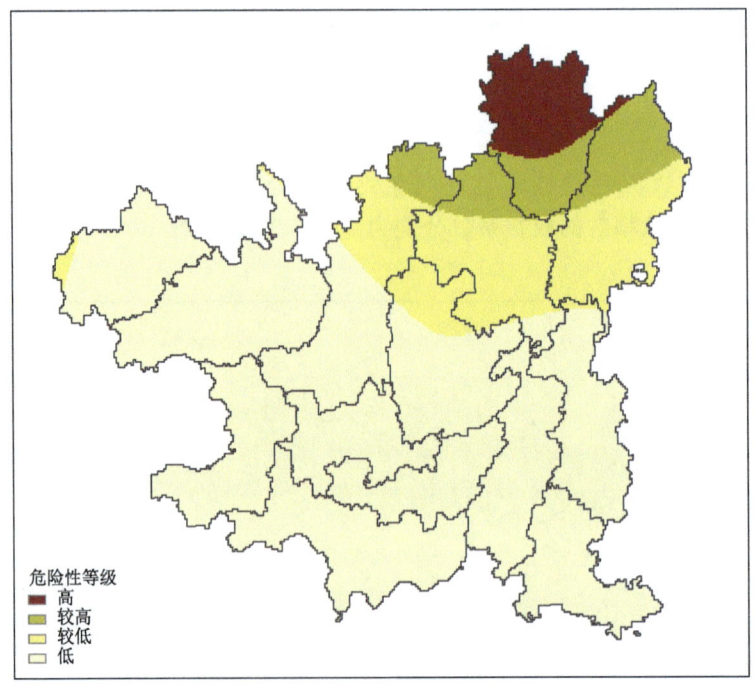

图 6.11　遵义市大风致灾危险性区划空间分布

## 6.6　风险评估与区划

### 6.6.1　GDP 风险评估

由于收集到的相关灾损资料不完整,仅结合 GDP 归一化值与大风危险性指数进行等权指数求积。从遵义市大风灾害 GDP 风险区划空间分布来看(图 6.12),遵义市大部分地区为低风险等级,局地为较低—高风险等级。赤水市局部地区、仁怀市局部地区、桐梓县局部地区、汇川区中南部地区、红花岗区中西部部分地区、播州区局部地区、绥阳县局部地区、正安县局部地区、道真县局部地区、务川县局部地区、凤冈县局部地区、湄潭县局部地区为较高—高风险等级;其他地区为低—中风险等级。

### 6.6.2　人口风险评估

由于收集到的相关灾损资料不完整,仅结合人口数量归一化值与大风危险性指数进行等权指数求积。从遵义市大风灾害人口风险区划空间分布来看(图 6.13),遵义市大部分地区为低—中风险等级,局地为较高—高风险等级。赤水市部分地区、习水县局部地区、仁怀市局部地区、桐梓县局部地区、汇川区南部部分地区、红花岗区中西部部分地区、播州区局部地区、绥阳县部分地区、正安县局部地区、道真县中部部分地区、务川县局部地区、湄潭县局部地区、凤冈县局部地区为较高—高风险等级;其余地区为低—中风险等级。

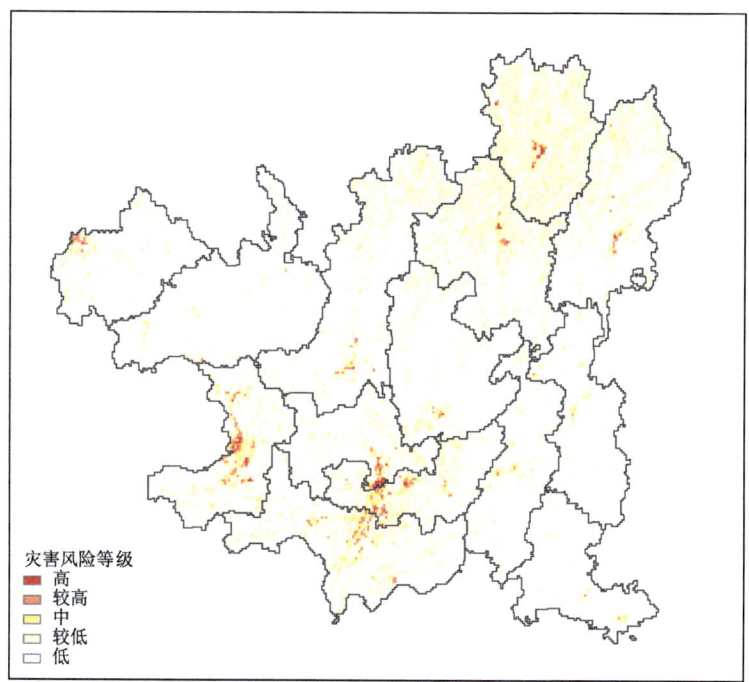

图 6.12 遵义市大风灾害 GDP 风险区划空间分布

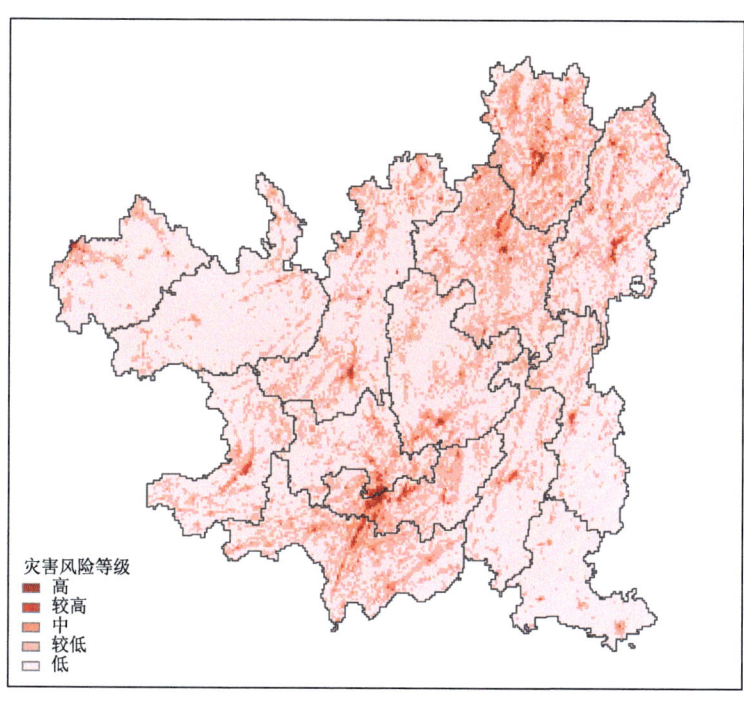

图 6.13 遵义市大风灾害人口风险区划空间分布

### 6.6.3 玉米风险评估

根据玉米的生育期,主要针对3—9月的大风过程强度进行统计和计算,得到玉米大风致灾危险性指数,由于收集到的相关灾损资料不完整,仅结合玉米种植面积归一化值与大风危险性指数进行等权指数求积。

从遵义市大风灾害玉米风险区划空间分布来看(图6.14),遵义市大部分地区为低—较高风险等级,局部地区为高风险等级。汇川区北部部分地区和东北部地区、红花岗区东北部地区、播州区局部地区、道真县局部地区、务川县局部地区为高风险等级;赤水市局部地区、习水县局部地区、仁怀市局部地区、桐梓县局部地区、汇川区大部地区、播州区中部和南部地区、绥阳县大部地区、正安县大部地区、道真县大部地区、务川县大部地区、湄潭县北部和南部地区、凤冈县少部地区、余庆县大部地区为中—较高风险等级;其余地区为低—较低风险等级。

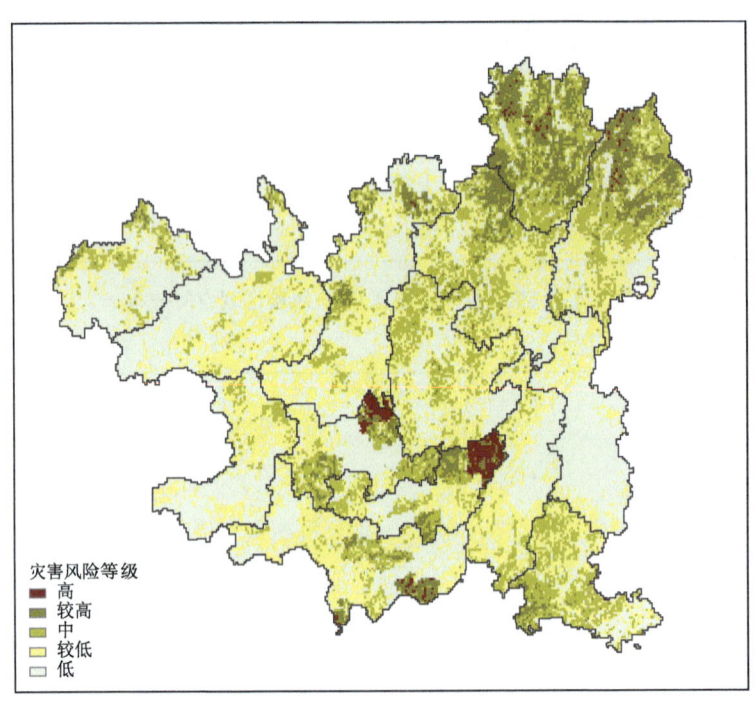

图6.14 遵义市大风灾害玉米风险区划空间分布

### 6.6.4 水稻风险评估

根据水稻的生育期,主要针对4—10月的大风过程强度进行统计和计算,得到水稻大风致灾危险性指数,由于收集到的相关灾损资料不完整,仅结合水稻种植面积归一化值与大风危险性指数进行等权指数求积。

从遵义市大风灾害水稻风险区划空间分布来看(图6.15),遵义市大部分地区为低—较高风险等级,局地为高风险等级。习水县局部地区、仁怀市局部地区、桐梓县部分地区、红花岗区东北部地区、汇川区局部地区、播州区部分地区、绥阳县北部和南部部分地区、正安县北部部分地区、道真县部分地区、务川县局部地区、湄潭县局部地区、余庆县局部地区为高风险等级;赤水市局部地区、习水县部分地区、仁怀市局部地区、桐梓县部分地区、汇川区大部分地区、播州区大部分地区、绥阳大部分地区、正安县大部分地区、道真县大部分地区、务川县部分地区、湄潭县部分地区、凤冈县局部地区、余庆县大部分地区为中—较高风险等级；其他地区为低—较低风险等级。

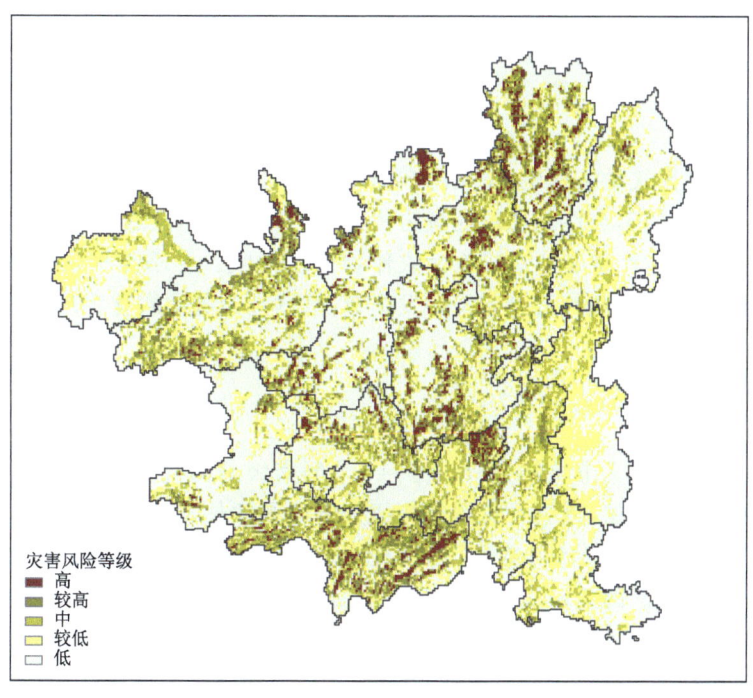

图6.15　遵义市大风灾害水稻风险区划空间分布

## 6.7　总结

从时间序列来看，1978—2020年遵义市多年大风日数的平均值为0.9 d，其中，1985年的大风日数最多，为2.54 d；1985年以后，遵义市年大风日数呈逐渐减少趋势。多年极大风速的平均值为21.4 m/s，其中，最大值为29.8 m/s，出现在2018年；1986年以后，遵义市年极大风速呈逐渐增大趋势。遵义市大风日数集中在4—5月、7—8月，其中，8月最多。另外，月极大风速的最大值出现在7月。

从空间分布来看，遵义市大风日数总体呈自西北向东南减少趋势，其中，以桐梓年大风日数最大，平均为1.8 d。遵义市极大风速的大值区位于赤水、仁怀和道真，逐渐向东向南减小。其中，以赤水的极大风速最大，为29.8 m/s。

从重现期来看，遵义市5个重现期(5 a、10 a、20 a、50 a和100 a一遇)的年大风日数总体呈自西向东减少趋势；5个重现期的极大风速总体来说大值区位于遵义市的西部、北部和南部地区。

遵义市大风危险性等级相对全省属于低等级，总体呈北高南低的分布趋势。遵义市大风灾害GDP风险大部分地区为低风险等级，局地为较低—高风险等级。遵义市大风灾害人口风险大部分地区为低—中风险等级，局地为较高—高风险等级。遵义市大风灾害玉米风险大部分地区为低—较高风险等级，局部地区为高风险等级。遵义市大风灾害水稻风险大部分地区为低—较高风险等级，局地为高风险等级。

# 第 7 章 冰 雹

冰雹是中小尺度天气系统发生、发展的产物,发生时间短暂,地域分布一般呈跳跃式和插花性分布,所带来灾害的单点性或局地性极为明显。一阵短促而强烈的冰雹灾害,常使农民辛勤耕种的成果毁于一旦,严重时还造成大片农作物颗粒无收。春季是贵州夏粮作物成熟收获期和秋粮作物幼苗生长期,此时又是冰雹多发季节,故冰雹给各地农业生产带来很大损失。

## 7.1 数据准备与处理

本章使用的资料为遵义市所辖县(市、区)14 个国家级地面气象站和全省另外 70 个国家基本气象观测站的冰雹数据,冰雹致灾因子特征分析以及评估与区划所用数据时间为 1978—2020 年,数据来源为贵州省气象信息中心。灾情统计使用数据时间为 1984—2020 年。

冰雹日数和降雹频次的规定。定义一个降雹日的时间为当日 08 时至次日 08 时,该时段内无论次数多少和时间长短均记为一个雹日。若某日一次冰雹过程有数个台站均出现冰雹,则每个台站均记录为一个雹日。降雹频次根据冰雹发生的起止时间统计,某个台站的一个雹日中可能出现多次降雹。

降雹时间质量控制。一次降雹过程一般持续 1~15 min,少数在 30 min 或以上,如果记录中出现降雹时间超过 15 min 的,需与观测记录核对,或通过互联网信息确认,如果无法确认则只记录雹日,不记录持续时间。

冰雹直径定量转换。冰雹直径的定性描述按照表 7.1 的对应关系转换成定量数据。

表 7.1 冰雹直径定性描述对应的冰雹直径估算

| 冰雹信息描述 | 估算冰雹直径/mm |
| --- | --- |
| 拳头、鸭蛋 | 60~70 |
| 鸡蛋 | 50 |
| 乒乓球、核桃 | 40 |
| 鹌鹑蛋、葡萄、枣、卫生球、汤圆 | 20 |
| 蚕豆粒、杏核、扣子、指头、桐子米 | 15 |
| 花生米 | 10 |
| 玉米粒、豌豆粒、黄豆粒 | 8 |
| 绿豆、米粒 | 5 |

## 7.2 冰雹灾情统计

据不完全统计,遵义市几乎每年都遭受冰雹灾害影响,21世纪最初10 a遭受的冰雹灾害最多,其中,有3 a灾情频次达15次,年度灾情频次平均达6次(图7.1)。

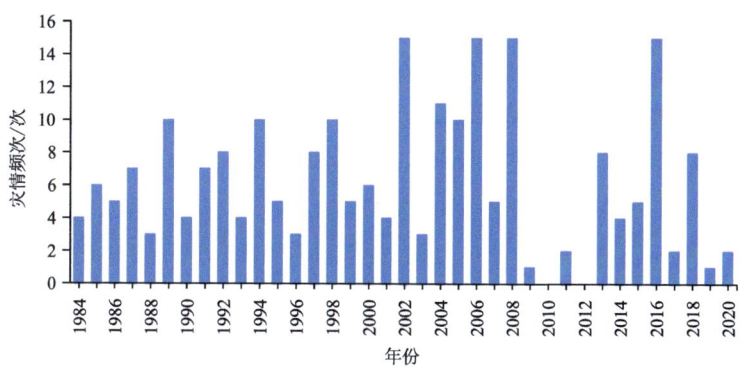

图7.1 遵义市1984—2020年冰雹灾情频次变化

## 7.3 技术方法

### 7.3.1 致灾因子选取

对冰雹灾害的具体灾情进行解析,分离出不同承灾体的损失情况,利用承灾体损失计算灾损指数,通过灾损指数和致灾因子的关系分析,确定冰雹灾害致灾因子。以直接经济损失为例,具体方法如下:

(1)将评估区域内一次冰雹灾害造成的直接经济损失除以当年该区域的GDP,得到灾损指数:

$$I = D/E \tag{7.1}$$

式中,$I$为灾损指数;$D$为直接经济损失,单位为万元;$E$为评估区域当年GDP,单位为万元。

实际情况中,如果缺少直接经济损失数据,也可以考虑采用农业成灾面积除以当年该区域的农业面积来表征灾损指数。

(2)使用皮尔逊(Pearson)相关系数计算方法,分别计算灾损指数与归一化处理后的最大冰雹直径、降雹持续时间、降雹时极大风速的相关系数,选取通过显著性检验($\alpha=0.05$)的因子作为冰雹灾害致灾因子。

(3)当评估区域内收集的同时具备最大冰雹直径、降雹持续时间、降雹时极大风速和用于构建灾损指数的要素样本少于30个时,根据以往研究结果,直接选用最大冰雹直径、降雹持续时间和冰雹日数作为致灾因子。如果样本的最大冰雹直径、降雹持续时间缺值较多,可直接选用冰雹日数作为致灾因子。

### 7.3.2 致灾危险性评估技术方法

#### 7.3.2.1 致灾危险性评估

通过灾损指数确定的冰雹致灾因子主要体现了冰雹强度的影响。当冰雹日数(或降雹频次)越多时,发生冰雹灾害的可能性越大,因此,冰雹灾害致灾危险性评估需综合考虑冰雹强度和冰雹日数(或降雹频次)的综合作用。因此,危险性指数(VE)为:

$$VE = 0.5 X_G + 0.5 X_R \tag{7.2}$$

式中,$X_G$ 为冰雹强度指数样本平均值,将通过灾损指数确定的冰雹致灾因子进行加权求和,取历次过程平均值;$X_R$ 为冰雹日数(或降雹频次)样本累积值。计算前各因子先在评估区域空间范围内进行归一化处理。

当选用最大冰雹直径、降雹持续时间、冰雹日数作为致灾因子时,危险性指数为:

$$VE = W_D X_D + W_T X_T + W_R X_R \tag{7.3}$$

式中,$X_D$ 为最大冰雹直径样本平均值;$X_T$ 为降雹持续时间样本平均值;$X_R$ 为冰雹日数(或降雹频次)样本累积值;$W_D$、$W_T$、$W_R$ 分别为3个因子的权重,可以采取层次分析法、信息熵赋权法、专家打分法赋值。计算前各因子先在评估区域空间范围内进行归一化处理。

当直接选用冰雹日数作为致灾因子时,危险性指数为:

$$VE = W_R X_R \tag{7.4}$$

此时,$W_R$ 为1。

#### 7.3.2.2 致灾危险性分区

基于冰雹致灾危险性指数,根据自然断点法,将冰雹致灾危险性划分为高(Ⅰ)、较高(Ⅱ)、较低(Ⅲ)、低(Ⅳ)4个等级,按照行政区域绘制冰雹危险性区划空间分布图。

### 7.3.3 风险评估技术方法

致灾因子的危险性仅反映了冰雹可能产生的危害大小,是否产生冰雹与孕灾环境敏感性有关,实际造成危害的程度还与承灾体特征有关。

#### 7.3.3.1 孕灾环境敏感性

可以选择海拔高度作为孕灾环境敏感性指数(VH),也可以根据当地的实际情况和县(市、区)提供的数据选择适合的影响因子构建孕灾环境敏感性指数,采用加权求和:

$$VH = W_{VH1} \cdot X_{VH1} + \cdots + W_{VHn} \cdot X_{VHn} \tag{7.5}$$

式中,$X_{VH}$ 为孕灾环境影响因子;$W_{VH}$ 为孕灾环境影响因子权重,采用专家打分法或信息熵赋权法确定权重,为了消除各指标的量纲和数量级差异,应首先对入选的孕灾环境影响因子进行归一化处理。各地也可根据当地海拔高度与冰雹日数(或降雹频次)的关系,将海拔高度划分为不同的等级,对每个等级进行 0~1 的赋值来表征孕灾环境敏感性指数。

#### 7.3.3.2 主要承灾体暴露度

选取人口、经济、农业(小麦、玉米、水稻)承灾体进行暴露度分析,具体方法如下。

(1)人口暴露度:人口数量(单位:人);

(2)经济暴露度:GDP(单元:万元);

(3)农业暴露度：小麦、玉米、水稻种植面积（单位：$hm^2$）。

为了消除各指标的量纲差异，对人口暴露度、经济暴露度、农业暴露度指标进行归一化处理。

#### 7.3.3.3 冰雹灾害风险评估

根据冰雹灾害风险形成原理及评估指标体系，分别将致灾危险性、孕灾环境敏感性、承灾体易损性各指标进行归一化，再加权综合，建立风险评估模型，分别对不同承灾体进行风险评估。计算公式如下：

$$V = VE^{WE} \cdot VH^{WH} \cdot VS^{WS} \tag{7.6}$$

式中，$V$ 为特定承灾体冰雹灾害风险评价指数；VE 为致灾危险性；VH 为孕灾环境敏感性；VS 为承灾体易损性，VS 包括暴露度（VD）和脆弱性（VF）；WE、WH、WS 分别为各指数权重，即

$$VS = VD \cdot VF \tag{7.7}$$

计算前各因子进行归一化处理，利用信息熵赋权法、专家打分法等确定权重。

因无法获取脆弱性资料，即冰雹造成的直接经济损失、人员伤亡、农作物成灾面积等数据，直接用承灾体暴露度表征其易损性。

#### 7.3.3.4 冰雹灾害风险分区

依据风险评估结果，结合行政单元，采用自然断点法，对风险评估结果进行空间划分，将冰雹灾害风险划分为高（Ⅰ）、较高（Ⅱ）、中（Ⅲ）、较低（Ⅳ）、低（Ⅴ）5个等级。

## 7.4 致灾因子特征分析

### 7.4.1 冰雹日数

图 7.2 是遵义市 1978—2020 年冰雹日数年际变化。从图中可以看出，遵义市年冰雹日数呈多波动变化，整体呈减少趋势，近几年异常偏多。20 世纪 80 年代末期年冰雹日数逐渐减少，20 世纪以来，年冰雹日数均在 10 d 以下，年平均冰雹日数为 6.52 d。

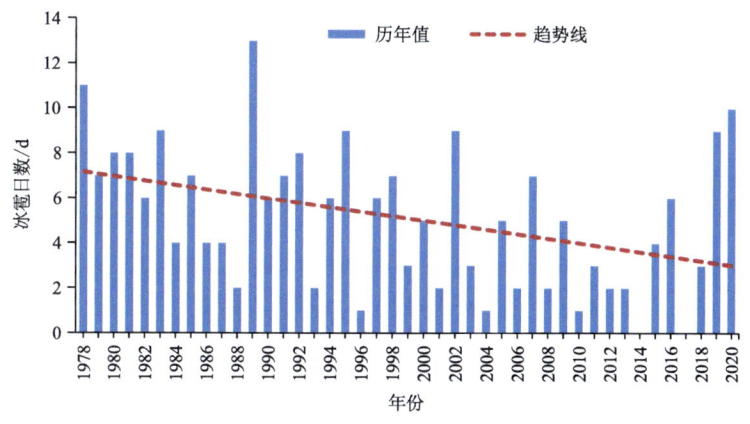

图 7.2 遵义市 1978—2020 年冰雹日数年际变化

图 7.3 是遵义市 1978—2020 年冰雹日数年内变化。从图中可以看出,降雹主要集中在 3—5 月,占全年冰雹日数的 68.5%,峰值出现在 4 月,为 52 d。

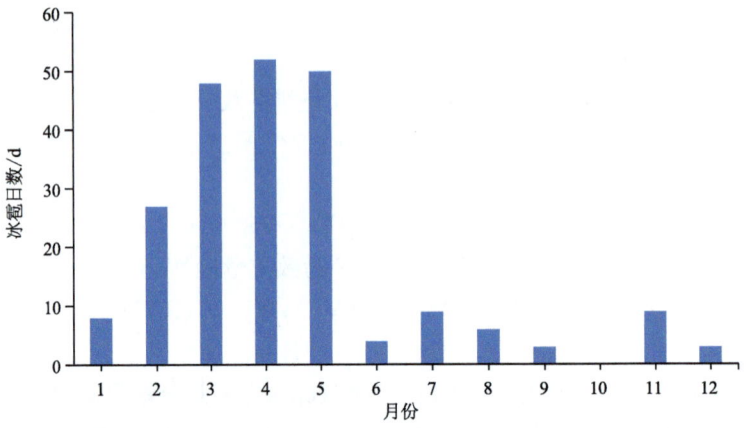

图 7.3　遵义市 1978—2020 年冰雹日数年内变化

图 7.4 是遵义市 1978—2020 年冰雹日数日变化。从图中可以看出,遵义市降雹主要出现在 14—00 时,高峰时段出现在 16—19 时,峰值出现在 19 时,为 21 d。可见,遵义市冰雹天气主要发生在傍晚至前半夜。

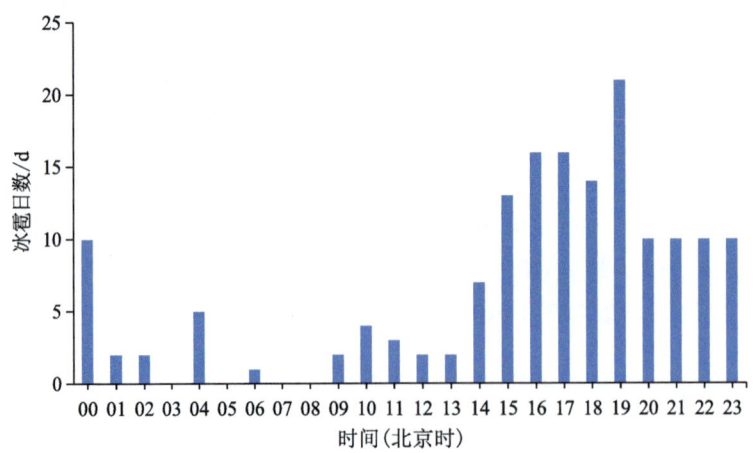

图 7.4　遵义市 1978—2020 年冰雹日数日变化

### 7.4.2　降雹持续时间

图 7.5 是遵义市 1978—2020 年降雹持续时间年际变化。从图中可以看出,遵义市整体降雹持续时间在 10 min 以下,1990 年出现高峰值,降雹持续时间为 21 min。降雹平均持续时间 5.9 min。

图 7.6 是 1978—2020 年遵义市降雹持续时间年内变化。从图中可以看出,遵义市各月降雹持续时间在 6~12 min,平均降雹持续时间 7.2 min,9—10 月降雹持续时间最短,为 2 min。

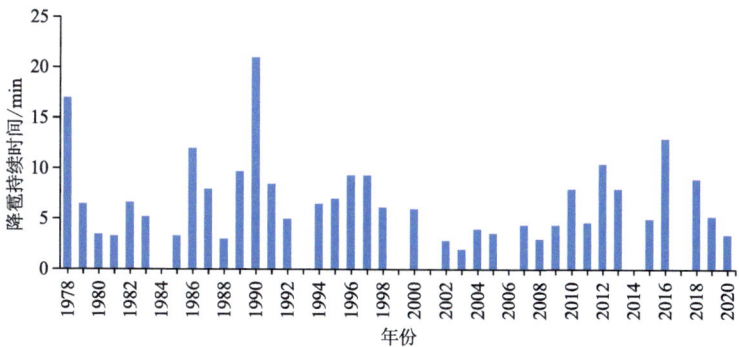

图 7.5 遵义市 1978—2020 年降雹持续时间年际变化

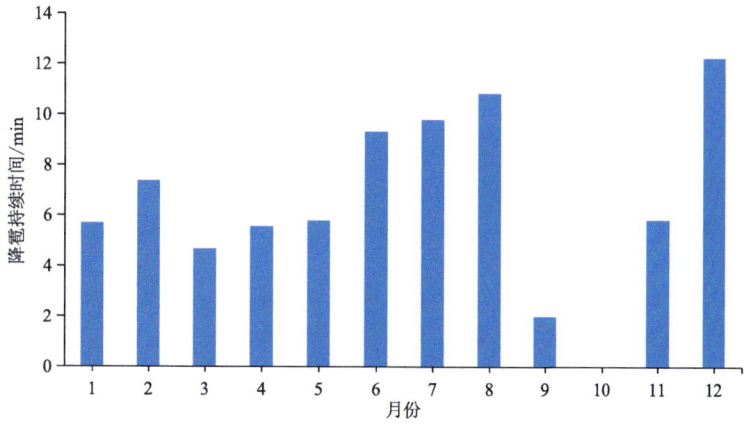

图 7.6 遵义市 1978—2020 年降雹持续时间年内变化

## 7.4.3 最大冰雹直径

图 7.7 是遵义市 1978—2020 年最大冰雹直径年际变化。从图中可以看出,遵义市有 9 a 出现最大冰雹直径超过 20 mm 的降雹,其中,1998 年最大冰雹直径达 43.5 mm。平均最大冰雹直径 10.9 mm。

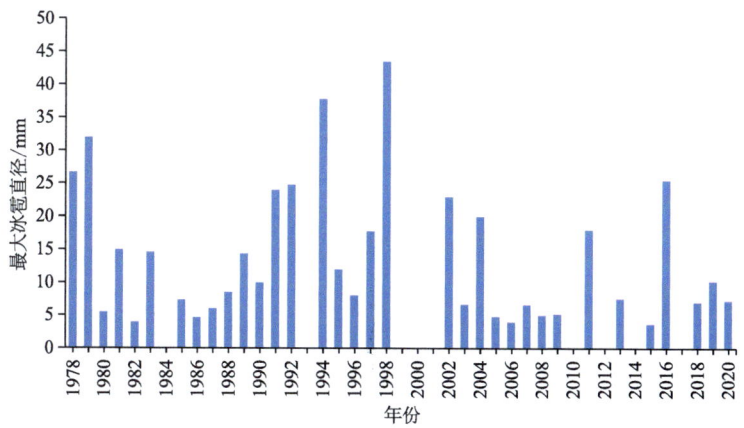

图 7.7 遵义市 1978—2020 年最大冰雹直径年际变化

图 7.8 是遵义市最大冰雹直径年内变化。从图中可以看出,大冰雹出现在 3 月、4 月和 11 月,最大冰雹直径出现在 4 月,最大冰雹直径超过 20 mm。各月平均最大冰雹直径 10 mm。

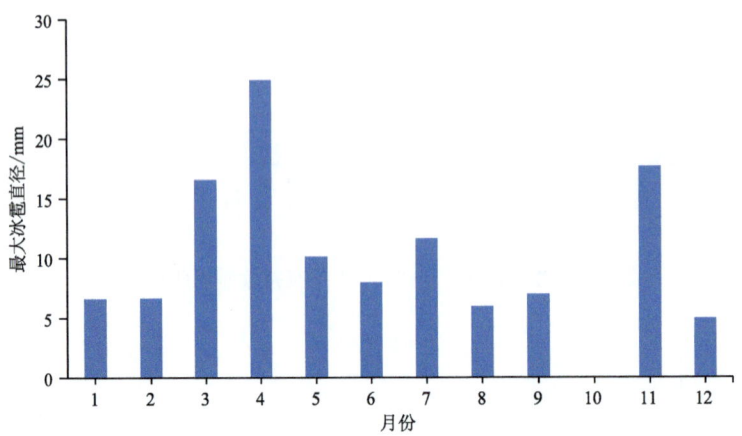

图 7.8　遵义市 1978—2020 年最大冰雹直径年内变化

### 7.4.4　极端冰雹及其重现期

根据遵义市冰雹日数的历史序列进行概率统计,得到不同重现期时间尺度(5 a、10 a、20 a、50 a、100 a)的最大冰雹日数阈值。

从遵义市不同重现期的冰雹日数变化来看(图 7.9),遵义市冰雹日数除了 5 a 外,其他重现期均超过 10 d,100 a 超过 20 d。

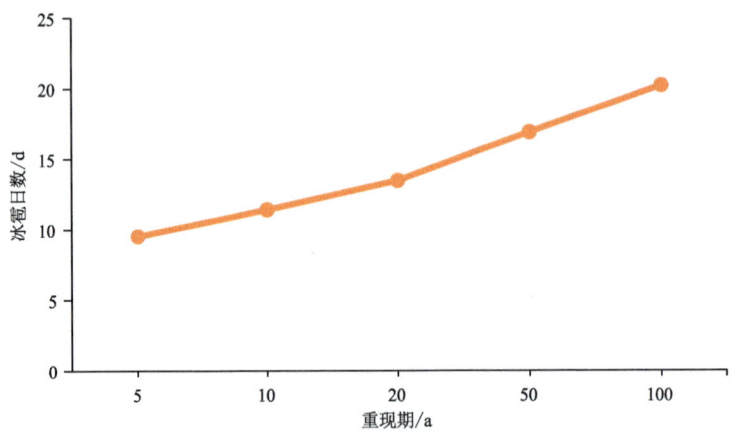

图 7.9　遵义市不同重现期冰雹日数变化

从遵义市不同重现期冰雹日数空间分布来看(图 7.10),高值区主要集中在市的南部,局地 100 a 冰雹日数有超过 5 d 的可能性。按照县域分析,播州区冰雹日数 5 a、10 a、20 a、50 a、100 a 均为全省最大值。

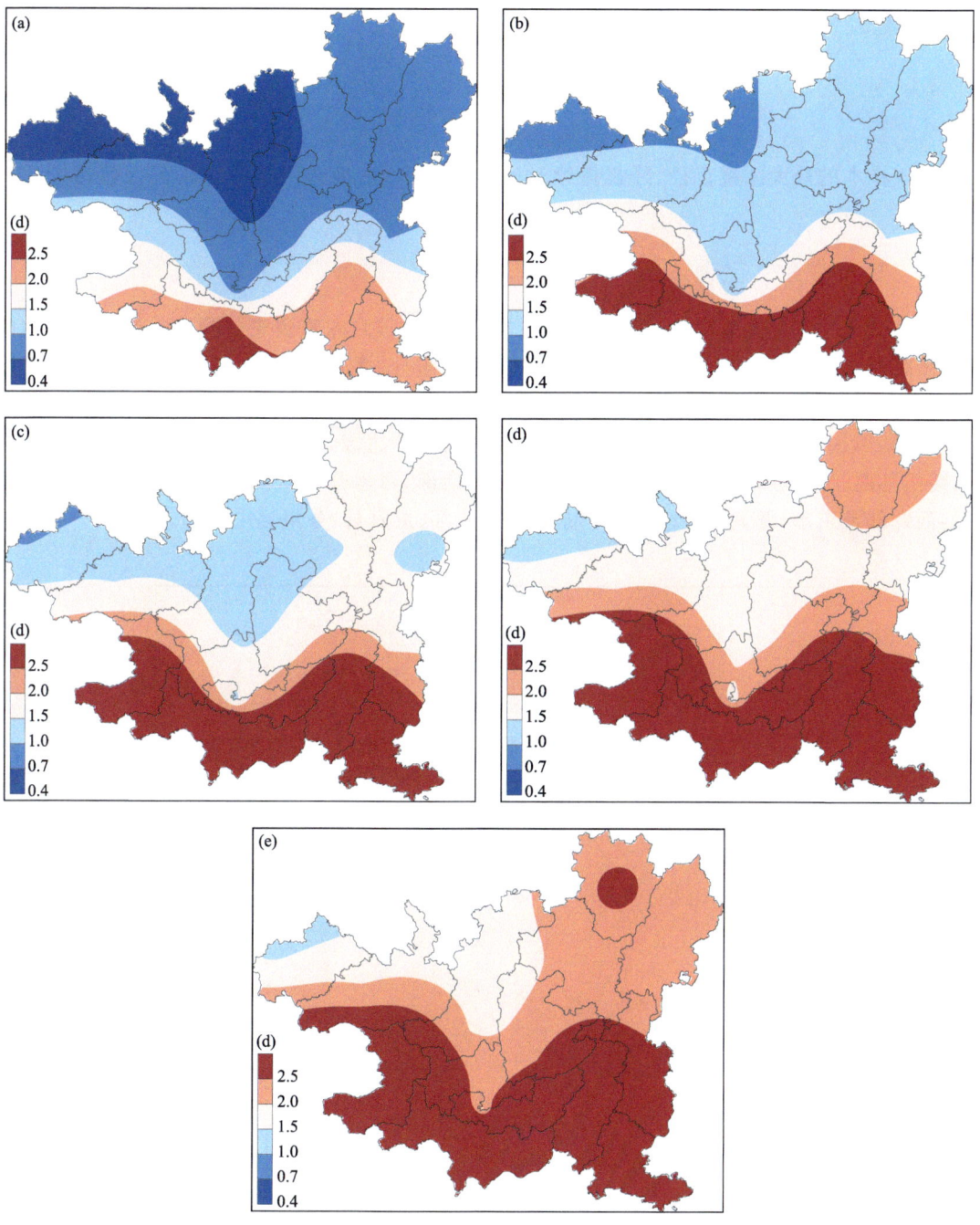

图 7.10 遵义市不同重现期冰雹日数空间分布
(a. 5 a, b. 10 a, c. 20 a, d. 50 a, e. 100 a)

## 7.5 致灾危险性评估与区划

### 7.5.1 致灾因子选取

由于样本的最大冰雹直径、降雹持续时间缺值较多,直接选用年平均冰雹日数作为致灾因子。

### 7.5.2 致灾危险性区划

从遵义市冰雹致灾危险性区划空间分布来看(图7.11),冰雹致灾危险性等级总体由南向北逐步降低。冰雹灾害高危险性区域位于南部的余庆县、播州区南部、湄潭县南部边缘,较高危险性区域位于播州区中北部、红花岗区中东部、汇川区东部、绥阳县中东部、仁怀市大部、习水县南部、凤冈县、正安县中南部、湄潭县中南部及北部边缘,较低危险性区域位于湄潭县中部、绥阳县西北部、红花岗区西部、桐梓县、务川县南部、习水县中东部及西部、赤水市南部、正安县西北部及东部,低危险性区域位于赤水市中北部、道真县、务川县中北部。

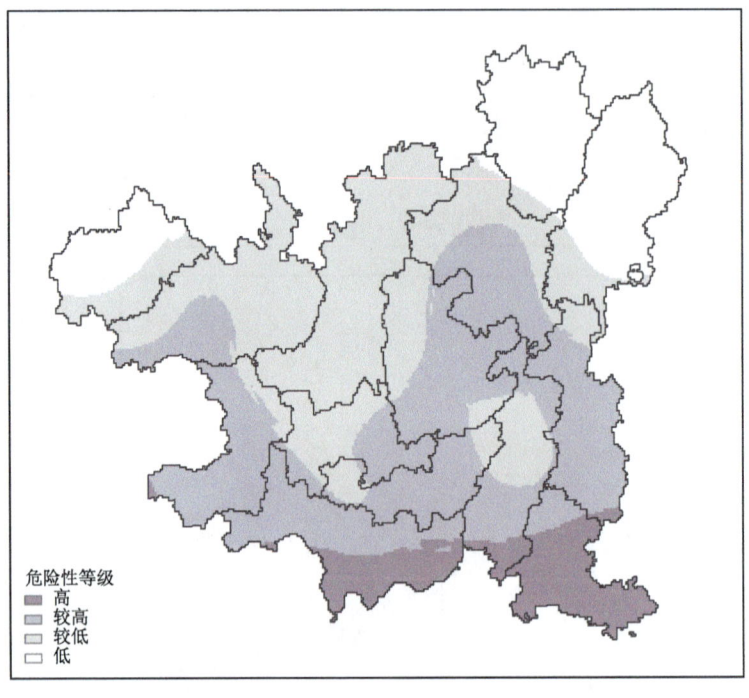

图7.11 遵义市冰雹致灾危险性区划空间分布

## 7.6 风险评估与区划

### 7.6.1 GDP风险评估

根据风险评估模型进行计算,再根据自然断点法,将冰雹灾害GDP风险划分为高、较高、中、较低、低5个等级。从遵义市冰雹灾害GDP风险区划空间分布来看(图7.12),高风险区集中在中南部地区的红花岗区中西部,西南部的仁怀市中部。较高风险区零星分布在仁怀市的大部,南部地区的红花岗区西北部、汇川区东南部、播州区大部,东南部地区的余庆县部分地区。低—中风险区普遍分布于其他地区大部。

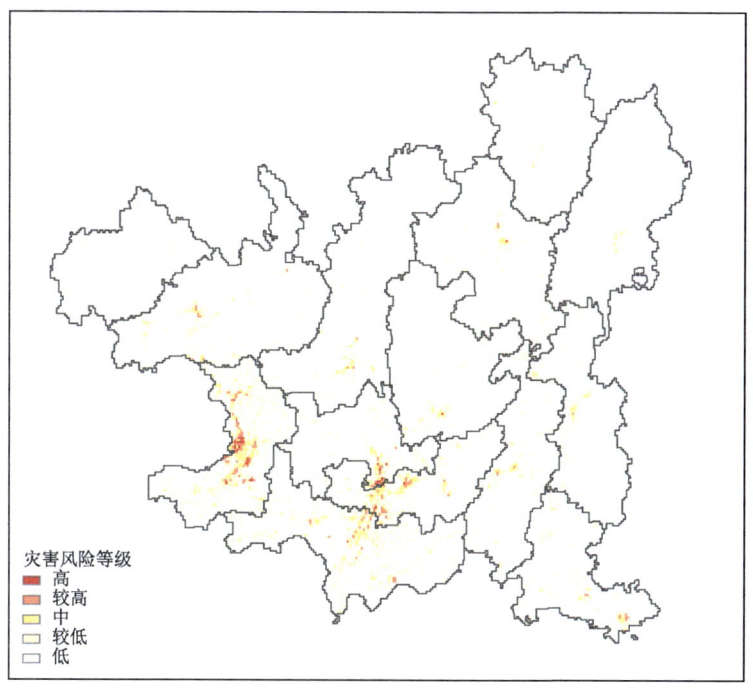

图7.12 遵义市冰雹灾害GDP风险区划空间分布

### 7.6.2 人口风险评估

根据风险评估模型进行计算,再根据自然断点法,将冰雹灾害人口风险划分为高、较高、中、较低、低5个等级。从遵义市冰雹灾害人口风险区划空间分布来看(图7.13),高风险区集中分布在中南部地区的汇川区东南部、红花岗区中西部,仁怀市中部,北部地区的正安县东南部。较高风险区零星分布在红花岗区、播州区、仁怀市、余庆县大部地区,湄潭县、凤冈县、习水县、桐梓县部分地区。较低—中风险区普遍分布在各县市区大部。低风险区分布于西北地区的赤水市大部,中部地区的桐梓县、绥阳县大部,东北部地区的道真县、务川县大部。

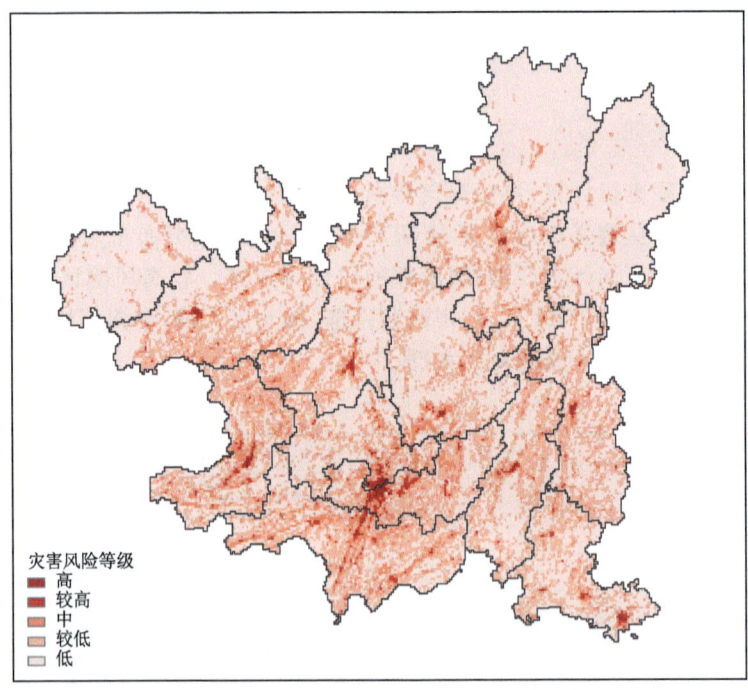

图 7.13 遵义市冰雹灾害人口风险区划空间分布

### 7.6.3 小麦风险评估

根据风险评估模型进行计算,再根据自然断点法,将冰雹灾害小麦风险划分为高、较高、中、较低、低 5 个等级。从遵义市冰雹灾害小麦风险区划空间分布来看(图 7.14),高风险区集中分布在西部地区的习水县南部,仁怀市西南部。较高风险区位于习水县大部、桐梓县北部,正安县中部,仁怀市中北部,播州区西北部、南部、东北部,余庆县西部。较低—中风险区位于桐梓县中北部,绥阳县中东部,正安县南部,余庆县大部,播州区中东部、中西部。赤水市、凤冈县、湄潭县、道真县及其余地区均为低风险区。

### 7.6.4 玉米风险评估

根据风险评估模型进行计算,再根据自然断点法,将冰雹灾害玉米风险划分为高、较高、中、较低、低 5 个等级。从遵义市冰雹灾害玉米风险区划空间分布来看(图 7.15),高风险区集中分布在中南部的红花岗区东北部,播州区南部,汇川区东北部。较高风险区集中分布在红花岗区中东部、播州区中部和南部、湄潭县、凤冈县大部,汇川区西部、东北部,余庆县大部,零星分布在仁怀市、习水县、绥阳县、正安县部分地区。低风险区集中分布在东北部地区的道真县大部,务川县北部,西北部地区赤水市大部、习水县西北部边缘,桐梓县东北部。其余地区大部分为较低—中风险区。

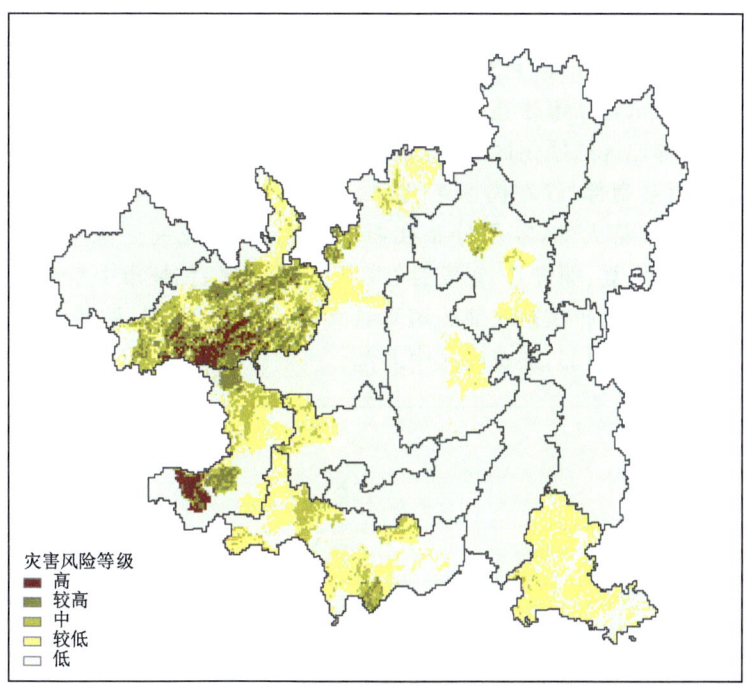

图 7.14　遵义市冰雹灾害小麦风险区划空间分布

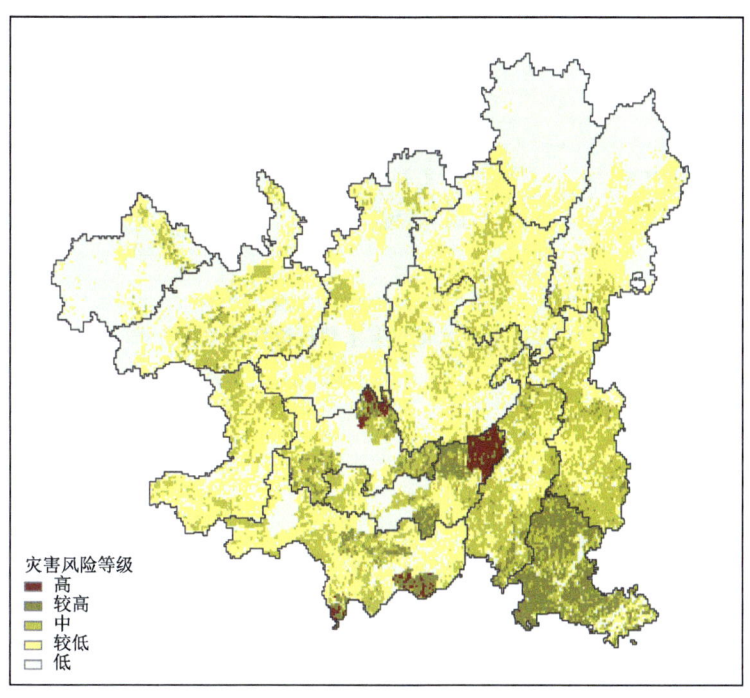

图 7.15　遵义市冰雹灾害玉米风险区划空间分布

### 7.6.5 水稻风险评估

根据风险评估模型进行计算,再根据自然断点法,将冰雹灾害水稻风险划分为高、较高、中、较低、低 5 个等级。从遵义市冰雹灾害水稻风险区划空间分布来看(图 7.16),水稻灾害高风险区集中分布在南部地区的播州区大部,东南部地区的余庆县大部、湄潭县中北部、凤冈县南部,中部地区的绥阳县南部、红花岗区东北部、南部。较高风险区集中分布在播州区、湄潭县、凤冈县、余庆县、正安县大部,零星分布在习水县大部、红花岗区除中部以外的地区。较低—中风险区分布在习水县、桐梓县、正安县、绥阳县、汇川区、仁怀市中东部和西南部、桐梓县大部地区。低风险区主要分布在东北部的道真县大部、务川县大部,桐梓县中北部,西北部的赤水市大部,西南部仁怀市中部,红花岗区中北部。

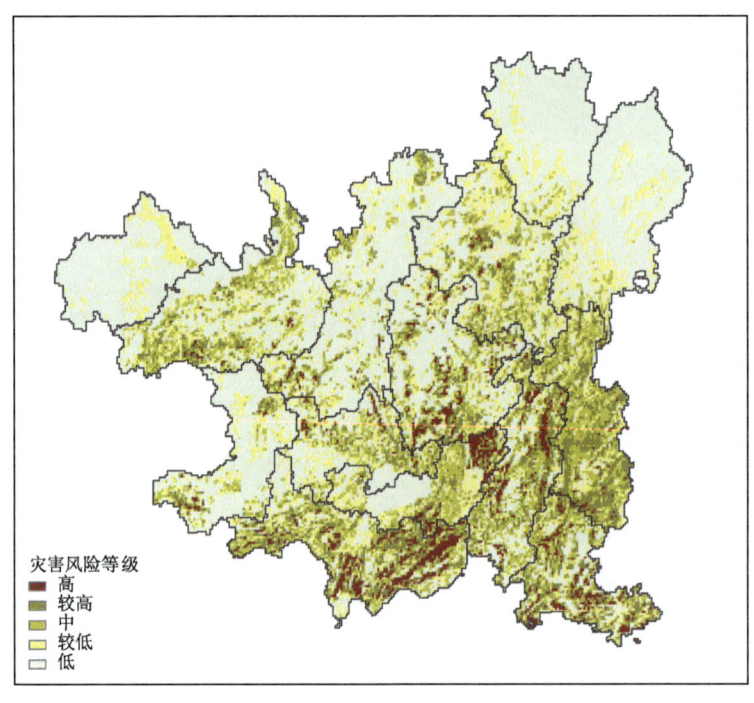

图 7.16 遵义市冰雹灾害水稻风险区划空间分布

## 7.7 总结

1978—2020 年,遵义市年冰雹日数呈多波动变化,整体呈减少趋势,近几年异常偏多。20 世纪 80 年代末年冰雹日数逐渐减少,20 世纪以来,年冰雹日数均在 10 d 以下,年平均冰雹日数为 6.52 d。降雹主要集中在 3—5 月,占全年冰雹日数的 68.5%,峰值出现在 4 月,为 52 d;平均最大冰雹直径为 10.9 mm,最大冰雹直径超过 20 mm 的在 4 月出现最多。降雹主要出现在 14—00 时,高峰时段出现在 16—19 时,峰值出现在 19 时,超过 21 d,可见遵义市冰雹天气主要发生在傍晚至前半夜。年平均降雹平均持续时间为 5.9 min,降雹持续时间随时间呈缩短趋势。

遵义市冰雹致灾危险性等级总体由南向北逐步降低。冰雹灾害高危险性区域位于南部的余庆县、播州区南部、湄潭县南部边缘。遵义市冰雹灾害 GDP 风险除中南部、西南部分布较高—高风险区外,其余地区为中—低风险居多,少部分地区局地零星分布较高—高风险区。冰雹灾害人口风险,高风险区集中分布在中南部地区,零星分布在西部、东南地区,较高风险区零星分布在除西北部、东南部外的局地地区,全市大部分地区为较低—中风险区,低风险区位于西北部和东北部。冰雹灾害小麦风险,中—高风险区集中分布在西部地区,南部、东南部、中部局地分布小范围较低—中风险区,其余地区均是低风险区。冰雹灾害玉米风险,较高—高风险区集中分布在中南部地区。较低—中风险区分布在全市大部地区,低风险区集中分布在东北部及西北部地区。冰雹灾害水稻风险,较高—高风险区集中分布在南部、东南部地区,其他地区零星分布,中风险区分布在全市大部地区,较低—低风险区主要集中在西北部和东北部地区。

# 第 8 章 雷 电

雷电是发生在大气中的声、光、电物理现象。雷电最大的特点是作用时间短,瞬时功率强,瞬时雷电流可达 300 kA,因此往往引起灾难性的破坏,它产生的热效应和机械效应会引起爆炸和森林火灾;带电云团的强对流活动会造成冰雹等灾害性天气;雷电流产生的高电压可能使电力及通信等电气设备损坏;闪电的静电感应使架空金属导线产生感应过电压,形成避雷针不能防护的感应雷,感应雷沿着架空线、电源线和电话线等潜入室内,危及电力通信设备、电视、电话和联网的计算机。雷电灾害已被国际电工委员会称为"电子时代的一大公害",成为"联合国国际减灾十年"公布的最严重的十种自然灾害之一。

贵州省的雷电灾害十分严重,一年四季均有发生。这是与全省的地理位置、地质条件、季节和气象因素密切相关的。贵州地处北半球中低纬度地区和云贵高原东侧,属亚热带季风湿润型气候,是典型的山区省份。正是这种特殊的地理位置和地形地貌,造成全省冷暖空气交汇活动频繁,天气气候复杂多变,导致强雷暴单体和雷暴群、中尺度对流复合体、飑线、暴雨云团、低空急流等强对流中小尺度天气系统时常出现,引发雷电天气。

## 8.1 数据准备与处理

本章使用的资料为遵义市所辖县(市、区)14 个国家级地面气象站 1978—2013 年的雷暴日数据,贵州省 ADTD 雷电定位系统数据,时间为 2006—2020 年,数据来源为贵州省气象信息中心。

基础地理信息:包括县界、乡镇界。

有关名词定义如下:

雷击:地闪击的一次放电。

雷电灾害:因雷电对生命体、建(构)筑物、电气和电子系统等造成的损害。

雷电灾害风险:雷电灾害发生的可能性及其可能损失。

雷电灾害风险区划:根据雷电灾害风险指数大小,基于行政区域对雷电灾害风险进行空间单元的划分。

雷电灾害防御重点单位:遭受雷击后会造成巨大破坏、人身伤亡或重大社会影响的单位。

雷击点密度:行政区域内年平均单位面积雷击点个数[个/(km$^2$·a)]。

雷击大地年平均密度:单位面积内年平均雷击发生次数,采用年平均雷暴日进行计算。

地闪密度:单位面积上年平均地闪次数。

雷击强度:单位面积内年平均地闪雷电流幅值强度。

## 8.2 雷电灾情统计

据不完全统计,遵义市 2000—2020 年共发生雷电灾情 130 起,因雷电伤亡 33 人(伤 19 人、死 14 人),共造成直接经济损失 798.57 万元。其中,2005 年雷电灾情造成的直接经济损失最重,为 190.41 万元(图 8.1)。2004 年、2006 年因雷电伤亡人数分别达 6 人。

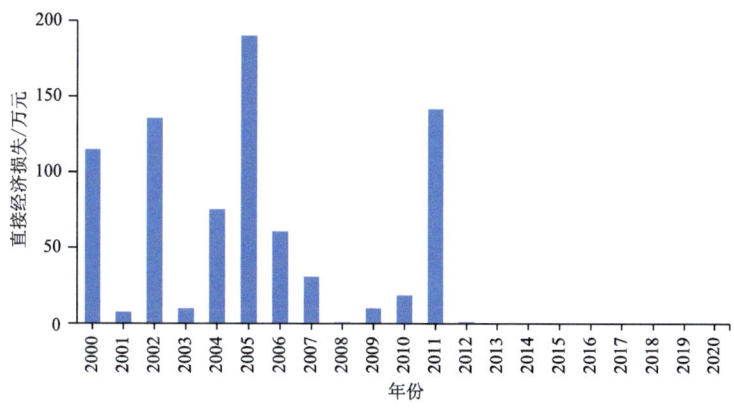

图 8.1　遵义市 2000—2020 年雷电灾害直接经济损失变化

## 8.3 技术方法

### 8.3.1 致灾因子选取

在雷电灾害中,决定致灾因子的因素主要包括时间、强度、频率、密度等,通过分析雷电参数特征及雷击事故发生机制,结合贵州省地面观测资料和闪电监测网资料,选取年平均雷击大地密度、地闪密度、地闪强度、强雷电流密度作为分析致灾因子危险性的指标。

### 8.3.2 致灾危险性评估技术方法

#### 8.3.2.1 致灾危险性指数的确定

雷电致灾危险性指数评估指标包括年平均雷击大地密度、地闪密度、地闪强度、强雷电流密度,其中,年平均雷击大地密度选取区域台站年平均雷暴日数($T_d$),采用 $0.1T_d$ 计算后反距离加权插值(IDW)后生成。雷击点密度、强雷电流密度将区域划分为 $30''\times30''$ 的网格,统计各网格内年平均雷击频次、雷电流强度≥100 kA 的雷击频次,形成栅格数据;雷击点强度将区域划分为 $30''\times30''$ 的网格,统计各网格内年平均雷电流强度,形成栅格数据。

致灾危险性指数(RH)按照下式计算:

$$\mathrm{RH} = \sum_{1}^{n}(X_{Hi} \times H_i) \tag{8.1}$$

式中,RH 为致灾危险性指数;$H_i$ 为致灾因子指标;$X_{Hi}$ 为致灾因子指标对应的权重。

#### 8.3.2.2 致灾危险性分区

基于雷电致灾危险性指数,按照自然断点法,将雷电致灾危险性划分为高(Ⅰ)、较高(Ⅱ)、较低(Ⅲ)、低(Ⅳ)4个等级,按照行政区域绘制雷电危险性区划空间分布图。

### 8.3.3 风险评估技术方法

根据雷电灾害风险形成机制,认为致灾因子危险性、孕灾环境暴露度、承灾体易损性和防雷减灾能力4个主要因子综合作用构成雷电灾害风险。基于目标、准则、指标层建立的贵州雷电灾害风险区划结构体系评价模型如图8.2所示:

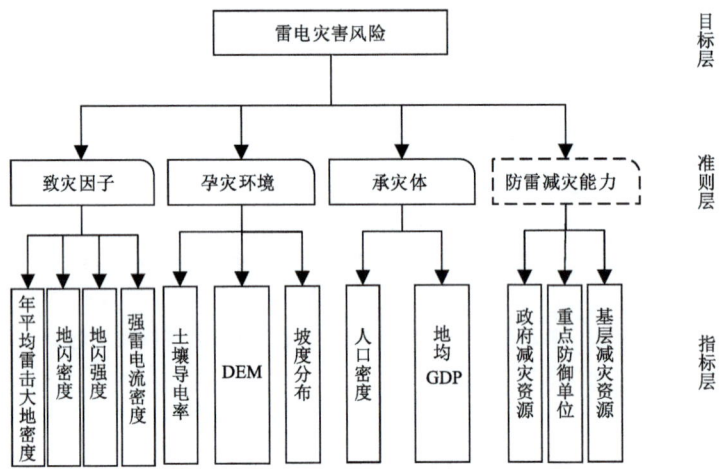

图8.2 雷电灾害风险区划结构体系评价模型

雷电灾害风险计算和区划流程见图8.3,其中,虚线框内指标为可选项。

#### 8.3.3.1 孕灾暴露度指数

雷电孕灾暴露度指数评估指标包括土壤导电率、DEM、坡度分布,其中,土壤导电率数据采用土壤数据库(HWSD)中地下0.5 m的导电率数据,重采样生成30″栅格数据;海拔高度采用DEM生成,坡度分布指标在DEM数据基础上进行坡度分析生成。

孕灾环境暴露度指数(RE)按照下式计算。

$$\text{RE} = \sum_{1}^{n}(X_{Ei} \times E_i) \tag{8.2}$$

式中,RE为孕灾暴露度指数;$E_i$为孕灾环境因子指标;$X_{Ei}$为孕灾环境因子对应的权重。

#### 8.3.3.2 承灾体脆弱性指数

雷电承灾体脆弱性包括造成人口伤亡、经济财产损失两个方面。

雷电造成人口伤亡损失风险按照下式计算。

$$\text{P\_LDRI} = a \times \sum_{1}^{i}(X_{Hi} \times H_i) + b \times \sum_{1}^{j}(X_{Ej} \times E_j) + c \times S_p \tag{8.3}$$

式中,P_LDRI为雷击人口伤亡风险;$H_i$、$E_j$分别为致灾因子(RH)、孕灾环境(RE)的第$i$、$j$个指标;$X_{Hi}$、$X_{Ej}$为对应的指标权重;$a$、$b$分别为RH、RE对应的指标权重;$S_p$为人口分布,$c$为对应的指标权重。

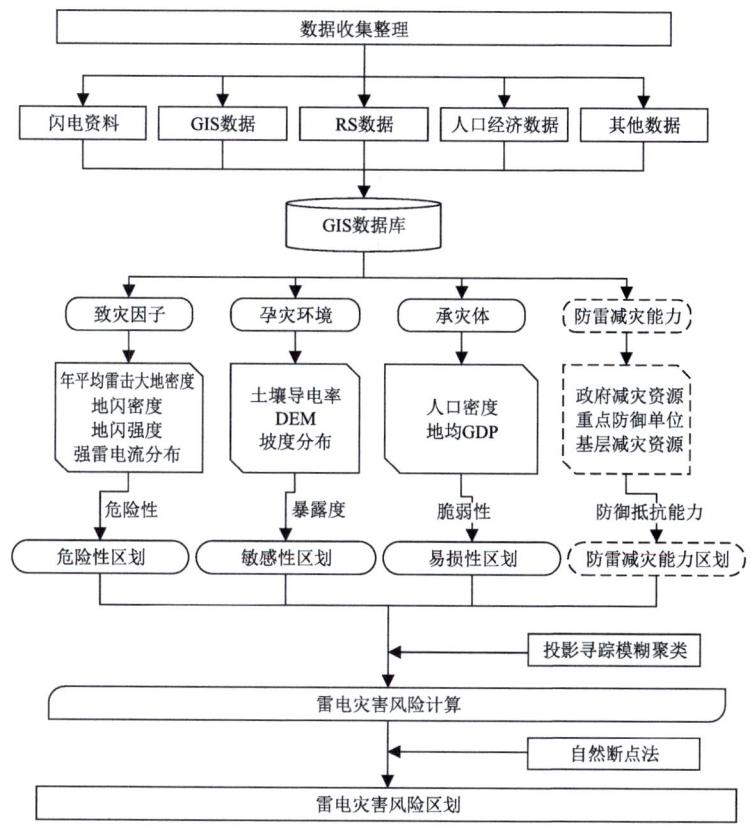

图 8.3 雷电灾害风险计算和区划流程

雷电造成的经济财产损失风险按照下式计算。

$$E\_LDRI = a \times \sum_{1}^{i}(X_{Hi} \times H_i) + b \times \sum_{1}^{j}(X_{Ej} \times E_j) + c \times S_e \tag{8.4}$$

式中,E_LDRI 为雷击经济损失风险;$H_i$、$E_j$ 分别为致灾因子(RH)、孕灾环境(RE)的第 $i$、$j$ 个指标;$X_{Hi}$、$X_{Ej}$ 为对应的指标权重;$a$、$b$ 分别为 RH、RE 对应的指标权重;$S_e$ 为 GDP 分布,$c$ 为对应的指标权重。

#### 8.3.3.3 雷电灾害风险分区

雷电灾害风险指数计算按照下式进行计算。

$$LDRI = \sum_{1}^{4}(X_i \times R_i) \tag{8.5}$$

式中,LDRI 为雷电灾害风险指数;$R_i$ 为致灾因子危险性指数、孕灾环境暴露度指数、承灾体脆弱性指数、防雷减灾能力;$X_i$ 为致灾因子危险性指数、孕灾环境暴露度指数、承灾体脆弱性指数、防雷减灾能力对应的权重。

如无防灾减灾能力资料,可只对致灾因子、孕灾环境和承灾体进行计算,得到风险评估结果。依据风险评估结果,结合行政单元,采用自然断点法,对风险评估结果进行空间划分,将雷电灾害风险划分为高(Ⅰ)、较高(Ⅱ)、中(Ⅲ)、较低(Ⅳ)、低(Ⅴ)5 个等级

## 8.4 致灾因子特征分析

### 8.4.1 年平均雷击大地密度

采用1978—2013年地面观测资料中的雷暴日数进行分析(图8.4),遵义市雷电主要发生在4—8月,平均雷暴日数为40 d,属高雷暴区。全市平均雷暴日数最低为道真县(35 d),最高为余庆县(47 d),共有7个区县平均雷暴日超40 d(高雷暴区)。雷暴日数最大值出现在1963年的湄潭县为77 d,最小值出现在2011年绥阳县,为17 d。年平均雷击大地密度分布(图8.5),高危险性区域主要分布在西北和南部。

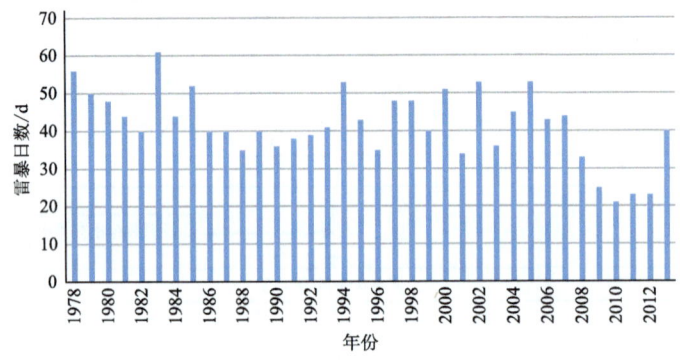

图 8.4 遵义市1978—2013年平均雷暴日数变化

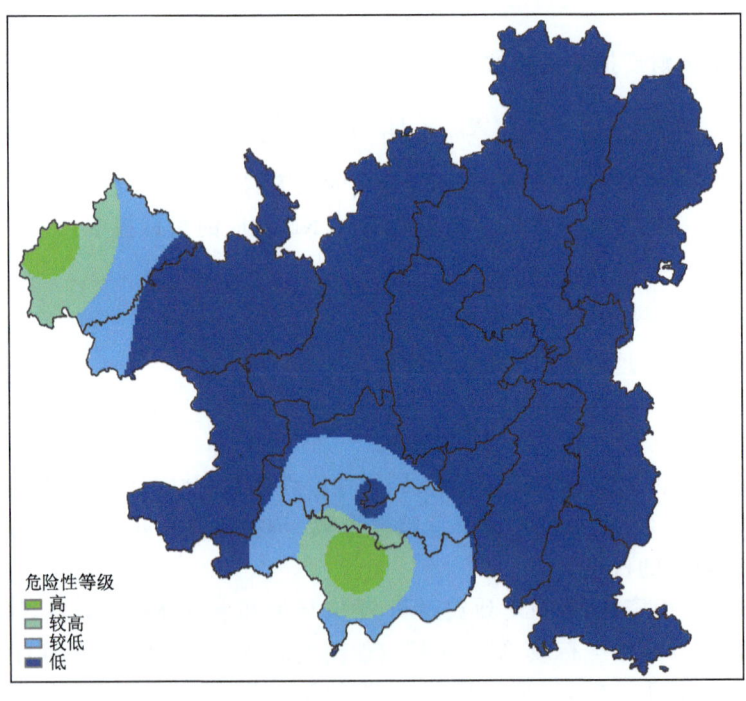

图 8.5 遵义市年平均雷击大地密度危险性区划空间分布

## 8.4.2 地闪密度

收集贵州省2006—2020年的ADTD雷电定位系统数据,按发生区域提取发生在遵义市的闪电,主要提取发生时间、雷击点经纬度、雷电流强度等参数,通过初步质量控制(剔除雷电流幅值0~2 kA和200 kA以上记录)。遵义市年平均雷击点次数为78928次,其中,最大值出现在2006年,为102434次,最小值出现在2020年,为38510次(图8.6);按时刻分布(图8.7),主要有两个峰值时刻,分别为16—18时及23—00时;一天中闪电频次最低时刻主要集中在10—11时。遵义市闪电按月分布(图8.8),闪电主要集中于夏季的6—8月,从9月开始闪电数量急剧减少,全年闪电次数最低为12月和1月。以30″×30″网格为单位绘制地闪密度(图8.9),较高—高危险性区域零星分布在遵义市西北部和中部区域。

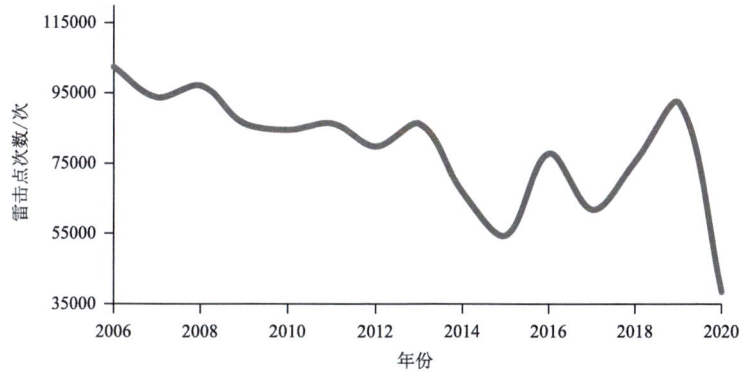

图8.6 遵义市2006—2020年雷击点次数变化

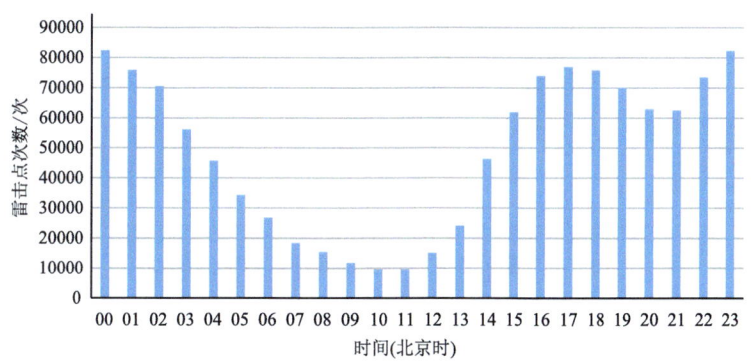

图8.7 遵义市雷击点次数时刻变化

## 8.4.3 地闪强度

遵义市平均雷击强度为38.42 kA,其中,最大平均值出现在2008年(49.1 kA),最小值出现在2019年(31.2 kA)(图8.10),从正、负闪电平均强度月变化可以看出(图8.11),正闪平均强度全年平均较强于负闪平均强度,尤其冬季偏强明显,夏季正、负闪电平均强度差距不大。以30″×30″网格为单位统计地闪强度(图8.12),高—较高危险性区域主要分布在遵义市的东北、西北、西南部区域。

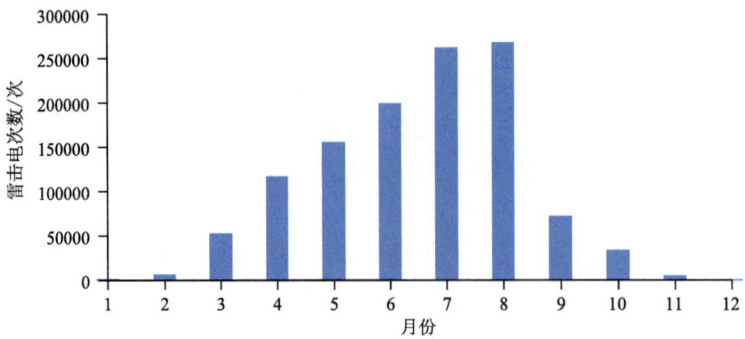

图 8.8　遵义市月平均雷击点次数变化

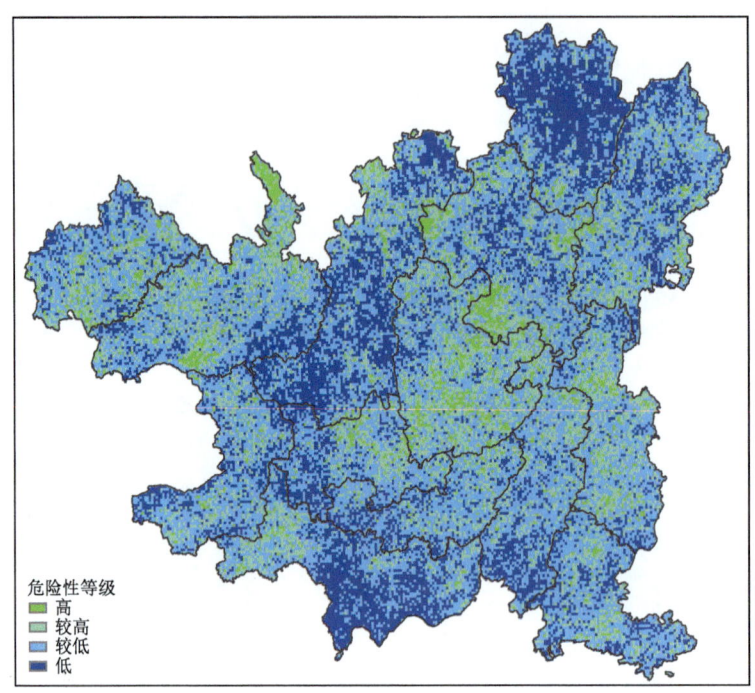

图 8.9　遵义市地闪密度危险性区划空间分布

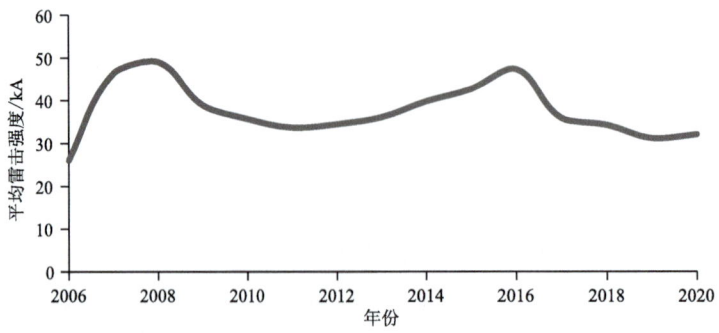

图 8.10　遵义市 2006—2020 年平均雷击强度变化

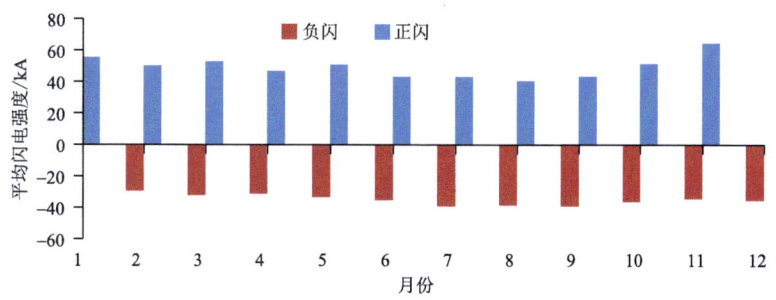

图 8.11 遵义市正、负闪电平均强度月变化

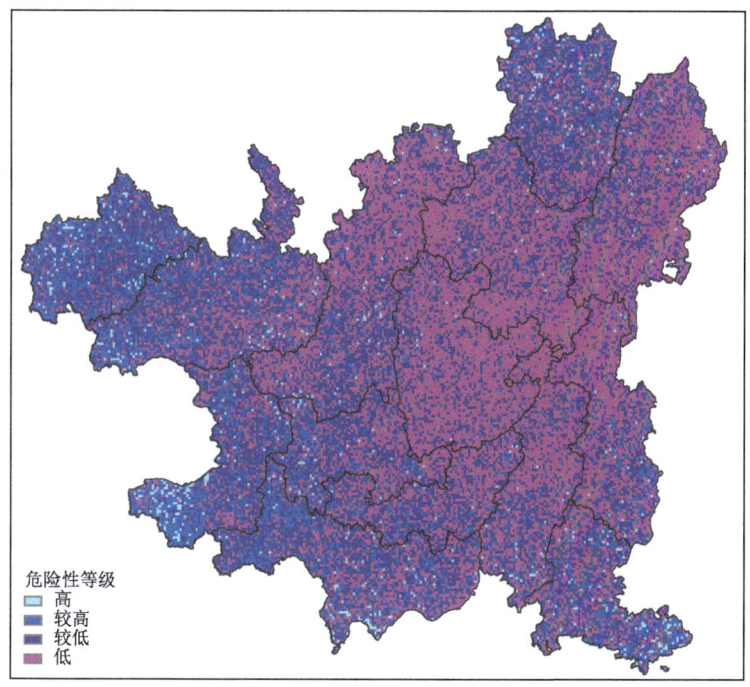

图 8.12 遵义市地闪强度危险性区划空间分布

### 8.4.4 强雷电流密度

遵义市雷击强度介于 0~20 kA、20~50 kA、50~100 kA、100 kA 以上的概率分别是 21.6%、59.6%、15.2%、3.6%(表 8.1)。以 30″×30″网格为单位统计强雷电流密度(图 8.13),高危险性区域零星分布在遵义市各个区域。

表 8.1 遵义市雷击强度($I$)等级

| 强度/kA | $0<I<20$ | $20\leqslant I<50$ | $50\leqslant I<100$ | $100\leqslant I$ |
| --- | --- | --- | --- | --- |
| 概率 | 21.6% | 59.6% | 15.2% | 3.6% |

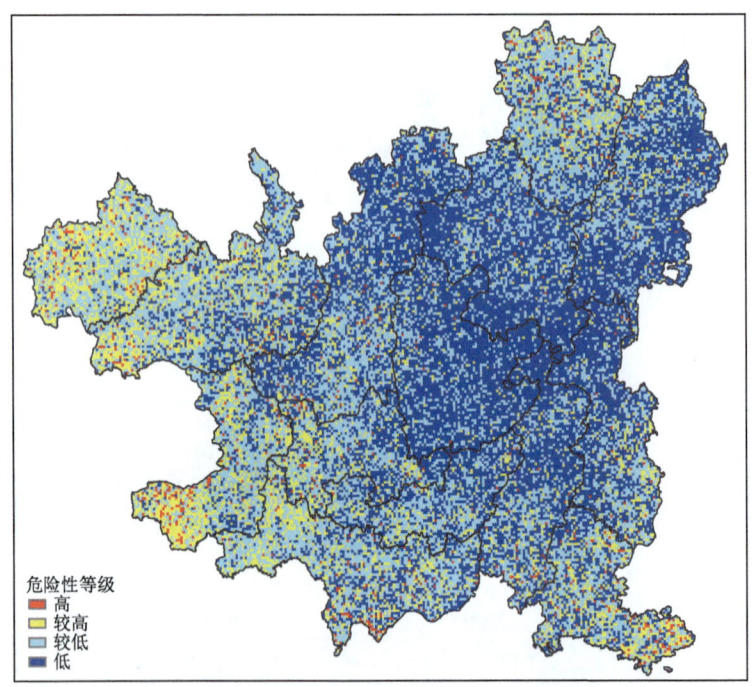

图 8.13　遵义市强雷电流密度危险性区划空间分布

## 8.5　致灾危险性评估与区划

从遵义市雷电致灾危险性区划空间分布来看(图 8.14),大部分区域属于较高危险性等级。低危险性等级大多分布在遵义市的中部及东北部区域,正安县大部分区域,道真县南部及东部、绥阳县中部主要为低风险性等级。较低风险性等级主要在红花岗区、湄潭县西北部。较高风险性等级主要集中在遵义市西部及南部地区,主要为余庆县、桐梓县、习水县大部分区域。高风险性等级主要集中在桐梓县北部及仁怀市南部大部分区域。

## 8.6　风险评估与区划

### 8.6.1　GDP 风险评估

从遵义市雷电灾害 GDP 风险区划空间分布来看(图 8.15),遵义市大部分地区为低风险等级,局地为较低—高风险等级。遵义市行政中心为较高—高风险等级;赤水市的复兴镇、大河镇,习水县的同民镇、醒民镇,仁怀市中部及南部地区,遵义市主城区为较高—高风险等级;遵义市中部以北区域除部分县城区域为中—较高风险等级外,其余的均为较低—低风险等级。

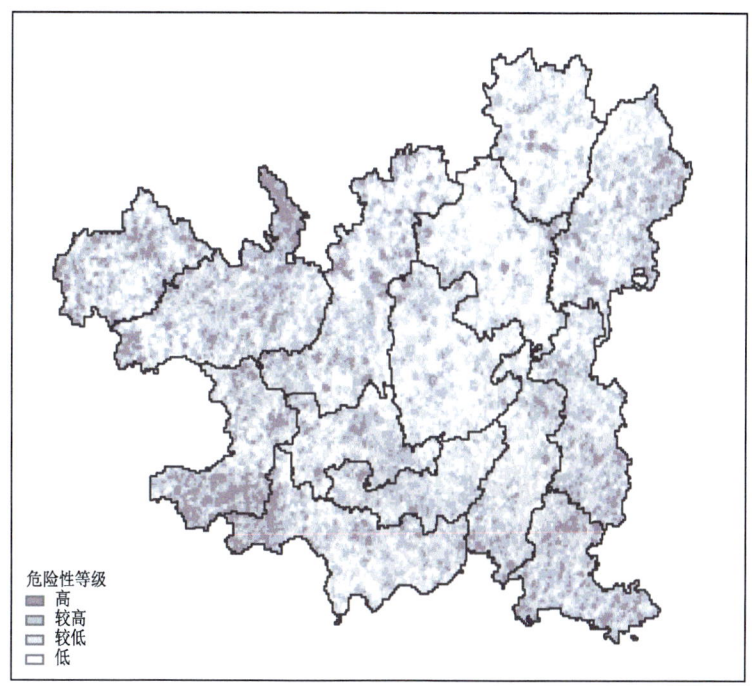

图 8.14 遵义市雷电致灾危险性区划空间分布

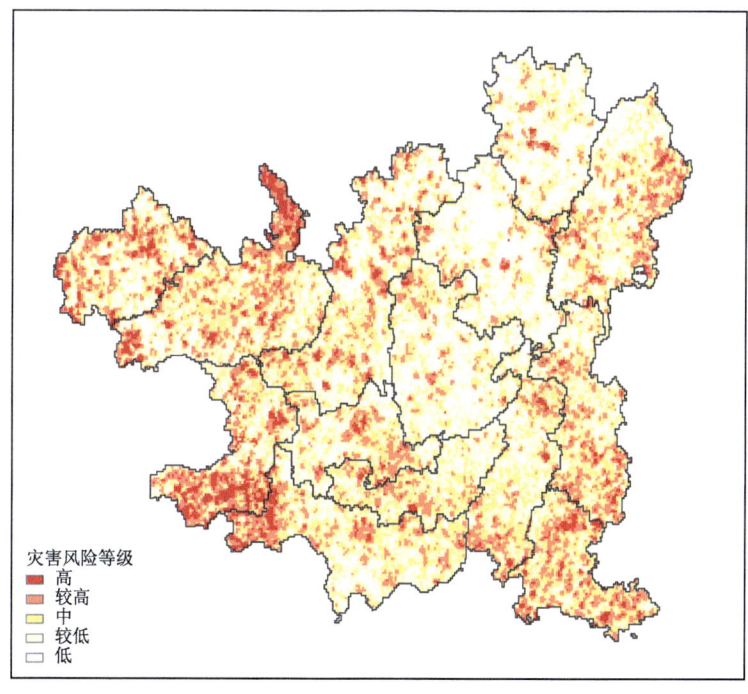

图 8.15 遵义市雷电灾害 GDP 风险区划空间分布

### 8.6.2 人口风险评估

从遵义市雷电灾害人口风险区划空间分布来看(图8.16),遵义市大部分地区为中—高风险等级,遵义市行政中心为较高—高风险等级;赤水市、仁怀市、播州区、汇川区、湄潭县、凤冈县、余庆县为中—高风险等级;习水县、绥阳县、正安县、务川县、道真县行政中心为中—高风险等级,其余大部为中—低风险等级。

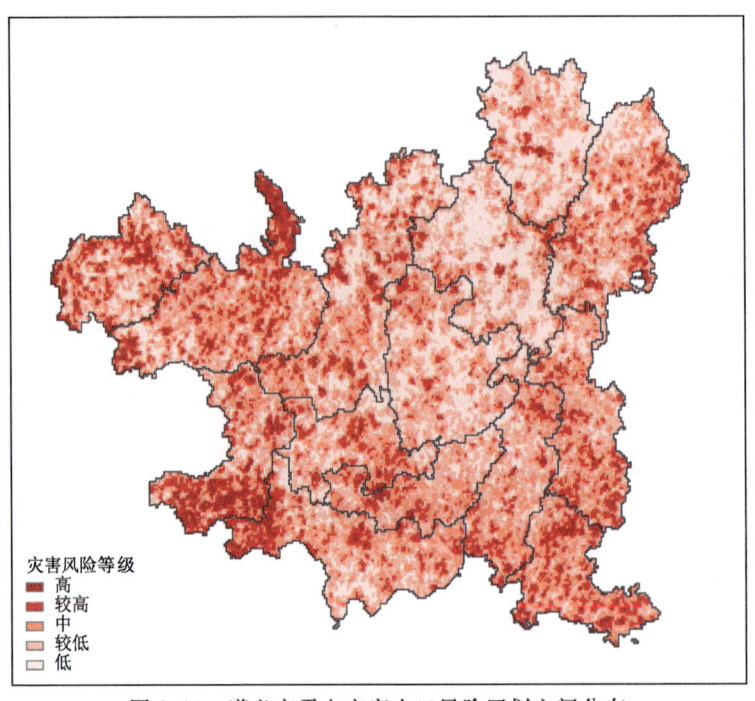

图 8.16 遵义市雷电灾害人口风险区划空间分布

## 8.7 总结

遵义市雷电主要发生在4—8月,雷暴日数最大值出现在1963年的湄潭县,为77 d,最小值出现在2011年绥阳县,为17 d。年平均雷击点次数为78928次,其中,最大值出现在2006年,为102434次,最小值出现在2020年,为38510次。平均雷击强度为38.42 kA,其中,最大值出现在2008年,为49.1 kA,最小值出现在2019年,为31.2 kA。遵义市雷击强度介于0~20 kA、20~50 kA、50~100 kA、100 kA以上的概率分别是21.6%、59.6%、15.2%、3.6%。

遵义市大部分区域雷电灾害致灾危险性属于较高危险性等级。低危险性等级大多分布在遵义市的中部及东北部区域,正安县大部分区域,道真县南部及东部、绥阳县中部主要为低危险性等级。较低危险性等级主要红花岗区、湄潭县西北部。较高危险性等级主要集中在遵义市西部及南部地区,主要为余庆县、桐梓县、习水县大部分区域。高危险性等级主要集中在桐梓县北部及仁怀市南部大部分区域。遵义市雷电灾害GDP风险分布大部分为低风险等级,局地为较低—高风险等级。遵义市雷电灾害人口风险分布大部分为中—高风险等级,遵义市行政中心为较高—高风险等级。

# 第 9 章　雪　灾

贵州降雪是出现在冬季的天气现象,因气温较低对农作物和家畜的安全越冬造成一定危害,当降雪量较大或者地面积雪过多,会影响到交通运输,造成交通阻塞或发生交通事故。雪灾的调查和评估是灾害应对管理的一项基础性工作,对科学准确地制定防灾救灾措施,及时组织开展雪灾风险防控、应急救助、灾后恢复重建等决策起到重要的支撑作用。

## 9.1　数据准备与处理

本章使用的资料为遵义市所辖县(市、区)14 个国家级地面气象站观测数据,气象要素主要包括 1978—2020 年逐日降水量(20—20 时)、积雪深度以及降雪日数等资料;数据来源于贵州省气象信息中心。

基础地理信息:包括县界、乡镇街道行政中心。

有关名词定义如下:

雪灾:指因降雪形成大范围积雪,严重影响人畜生存,以及因降大雪造成交通中断,毁坏通信、输电等设施的灾害。

降雪量:某一时段内的未蒸发、渗透、流失的降雪,经融化后在平面上累积的深度。以毫米(mm)为单位,取 1 位小数。

积雪深度:在雪尚未融化时,一定时间内积雪面到地面的垂直深度。以厘米(cm)为单位。

暴雪:某一气象观测站点 24 h 内降水量≥10 mm 的降雪为暴雪。

## 9.2　雪灾灾情统计

据不完全统计,遵义全市 1978—2020 年共发生雪灾 10 次,分别发生在 1989 年、1993 年、1999 年、2005 年和 2016 年,其中,1999 年遵义市红花岗区、绥阳县、湄潭县、仁怀市 4 个县(市、区)出现雪灾,其次为 2016 年红花岗区、桐梓县、赤水市 3 个县(市、区)出现雪灾(图 9.1)。据收集的灾情信息,2016 年 1 月 22—24 日赤水市因雪灾造成农作物受灾面积 5278.36 $hm^2$,其中,绝收面积 94.63 $hm^2$,直接经济损失 0.32 亿元。

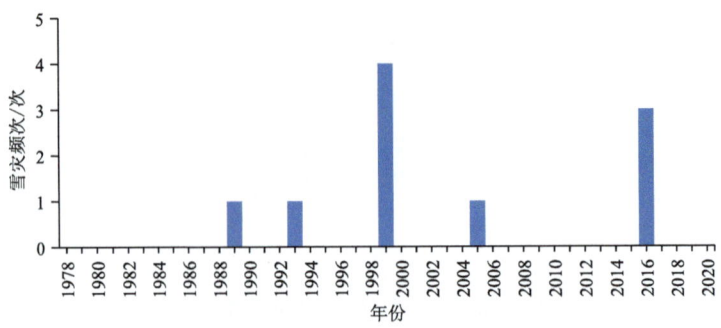

图 9.1 遵义市 1978—2020 年雪灾频次变化

## 9.3 技术方法

### 9.3.1 致灾因子选取

选取年累积降雪量、最大积雪深度以及暴雪日数为雪灾致灾因子指标,对遵义市雪灾致灾因子危险性进行评估。结合贵州降雪常出现雨雪混合的天气现象,降雪量的统计考虑了雨夹雪的情况,即根据逐日降水量和降雪天气现象数据中提取出逐日降雪资料,当某日有降雪天气现象,则当日降水量视同为降雪量。

### 9.3.2 致灾危险性评估技术方法

#### 9.3.2.1 致灾危险性评估

利用信息熵赋权法获取各危险性因子权重后,建立综合雪灾危险性指数。雪灾致灾因子危险性计算公式如下:

$$S = A_1 S_1 + A_2 S_2 + A_3 S_3 \tag{9.1}$$

式中,$S$ 为雪灾致灾因子危险性指数;$S_1$、$S_2$、$S_3$ 分别为归一化处理的降雪量、最大积雪深度、暴雪日数评估指标;$A_1$、$A_2$、$A_3$ 分别为致灾因子危险性各评估指标对应的权重系数。

#### 9.3.2.2 致灾危险性分区

基于雪灾致灾危险性指数,根据标准差法,将雪灾致灾危险性划分为高(Ⅰ)、较高(Ⅱ)、较低(Ⅲ)、低(Ⅳ)4 个等级,按照行政区域绘制遵义市雪灾致灾危险性区划空间分布图。

### 9.3.3 风险评估技术方法

致灾因子的危险性仅反映了雪灾可能产生的危害大小,而实际造成危害的程度还与承灾体特征有关。

#### 9.3.3.1 主要承灾体暴露度和脆弱性

承灾体主要包括人口、GDP、农业(小麦),评估内容包括承灾体暴露度和脆弱性,分类如表 9.1 所示。

表 9.1 承灾体暴露度和脆弱性因子

| 承灾体 | 暴露度因子(E) | 脆弱性因子(V) | 脆弱性因子权重(W) |
|---|---|---|---|
| 人口 | 人口密度 | 0～14岁及65岁以上人口数比重 | 人口受灾率 |
| GDP | 地均GDP | 第一产业产值比重 | 直接经济损失率 |
| 农业(小麦) | 播种面积占耕地面积比重 | 单位面积产量 | 农作物成灾率 |

统计脆弱性因子指标时,在雪灾灾情等资料较为完善,并可获取的前提下可考虑脆弱性因子权重;如灾情数据无法获取,则只考虑承灾体暴露度。

统计时,针对不同承灾体,不同市、县、区分别拥有一个脆弱性因子权重,以市、县、区级为单元统计受灾率,针对同一受灾率进行归一化处理(各市、县、区值除以市、县、区间最大值),其中:

人口受灾率:年受灾人数/行政区人口数。

农作物成灾率:年成灾面积/行政区面积。

最终,针对不同承灾体,统计单元内的承灾体指标(B)计算公式为:

$$B = E \times (V \times W) \tag{9.2}$$

式中,$E$ 为暴露度;$V$ 为脆弱性;$W$ 为脆弱性权重。

#### 9.3.3.2 雪灾风险评估

根据统计单元内致灾因子危险性指标($H$)、承灾体指标($B$),统计针对各承灾体的危险性指标($R$),计算公式如下:

$$R = H \times B \tag{9.3}$$

#### 9.3.3.3 雪灾风险分区

依据风险评估结果,结合行政单元,采用自然断点法,将雪灾风险划分为高(Ⅰ)、较高(Ⅱ)、中(Ⅲ)、较低(Ⅳ)、低(Ⅴ)5个等级。

## 9.4 致灾因子特征分析

### 9.4.1 累积降雪量

以日降雪量≥10 mm统计雪灾过程,当年7月1日至次年6月30日为一个年度统计时段,对1978—2020年遵义市年累积降雪量、降雪日数以及最大积雪深度进行统计。图9.2为遵义市年累积降雪量逐年变化及其趋势,从图中可见,年累积降雪量随时间有明显减弱趋势,线性趋势为-0.73 mm/10a。同时,累积降雪量年际变化特征明显,其中,1999年累积降雪量达到最大,为22.5 mm,其次为1983年的14.3 mm和2004年的14.2 mm。

图9.3为遵义市1978—2020年日降雪量≥10 mm过程累积降雪量逐月变化。从图中可见,降雪出现在11月至次年3月,最多为1月,降雪量达72.0 mm,其次为12月,为40.1 mm,2月和3月相差不大,在18 mm左右,11月仅有3.3 mm。

图9.4为遵义市1978—2020年平均累积降雪量空间分布,降雪量大值区主要位于遵义市东部和南部地区,尤其是播州区南部、湄潭县中东部、务川县东南部、凤冈县大部以及余庆县中北部,降雪量较大,平均在5 mm以上。北部地区平均降雪量较小,尤其是赤水市、道真县、正

安县和桐梓县北部。

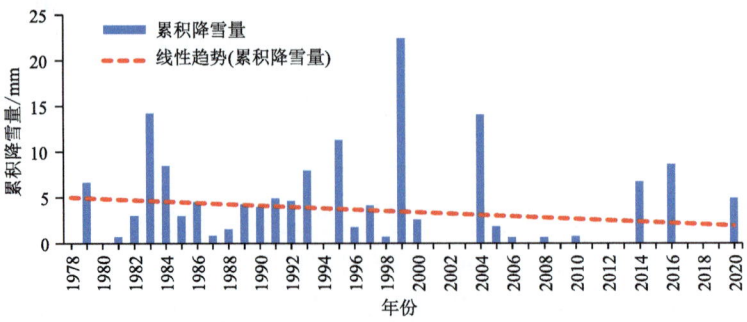

图 9.2　遵义市 1978—2020 年年累积降雪量变化及其趋势

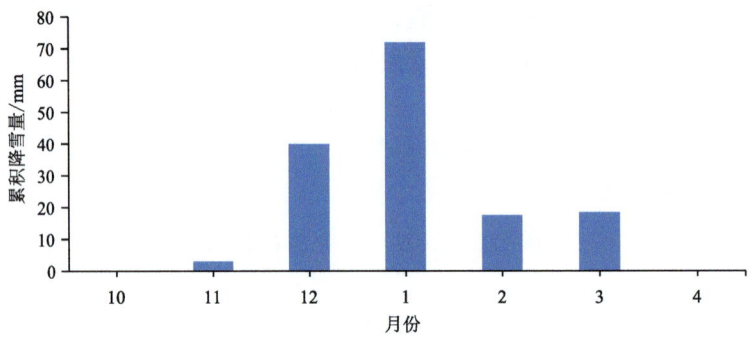

图 9.3　遵义市 1978—2020 年累积降雪量逐月变化

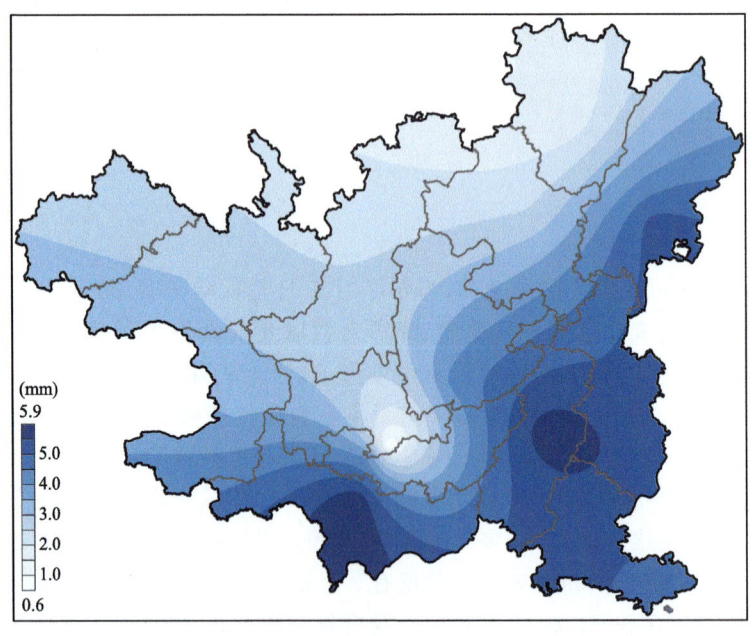

图 9.4　遵义市 1978—2020 年平均累积降雪量空间分布

## 9.4.2 降雪日数

图 9.5 是遵义市 1978—2020 年日降雪量≥10 mm 过程降雪日数变化。从图中可见,多年来降雪日数偏少,多在 1 d 及以下,仅在 1983 年平均达到 1.14 d,其中,有 15 a 无降雪出现。

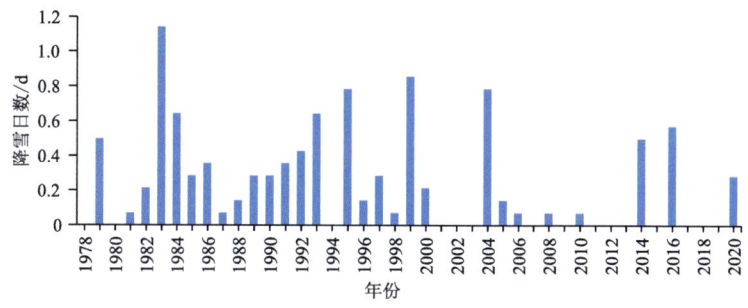

图 9.5 遵义市 1978—2020 年年降雪日数变化

图 9.6 为遵义市 1978—2020 年日降雪量≥10 mm 过程降雪频次逐月变化。从图中可见,共发生 10 mm 以上的降雪过程 140 次,其中,1 月发生次数最多,为 64 次,其次为 12 月的 35 次,2 月和 3 月分别为 19 次,11 月仅发生 3 次。

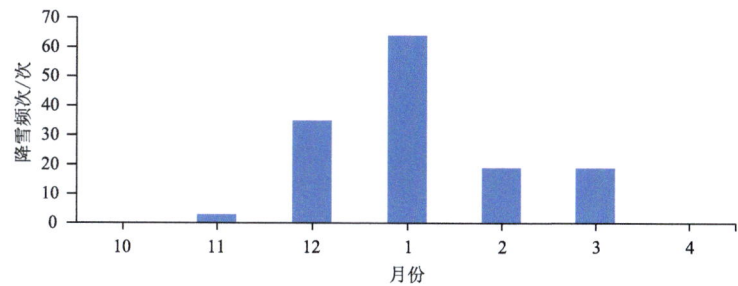

图 9.6 遵义市 1978—2020 年降雪频次逐月变化

从遵义市 1978—2020 年平均降雪日数空间分布来看(图 9.7),大值区位于遵义市东部和南部地区,尤其是播州区南部、红花岗区东部边缘、绥阳县东南部、湄潭县大部、凤冈县大部、务川县中东部以及余庆县中北部,该区域降雪日数在全市相对较多(平均在 0.3 d 以上)。赤水市、桐梓县、习水大部、汇川区中东部、正安县中北部、道真县、绥阳县西部和北部边缘降雪日数相对较少。

## 9.4.3 最大积雪深度

图 9.8 为遵义市 1978—2020 年日降雪量≥10 mm 过程年最大积雪深度变化。从图中可见,遵义市出现积雪较少,有 24 a 积雪深度为 0 cm,最大积雪深度出现在 1999 年,达到 7.57 cm,其次为 1984 年和 2014 年的 2.14 cm。

图 9.9 为遵义市 1978—2020 年日降雪量≥10 mm 过程最大积雪深度逐月变化,与降雪量以及降雪频次类似,同样在 1 月达到最大,为 14.5 cm,但不同的是,2 月积雪深度比 12 月要大,分别达到 4.5 cm 和 3.6 cm,3 月积雪深度仅为 0.7 cm,而 11 月则没有积雪出现。

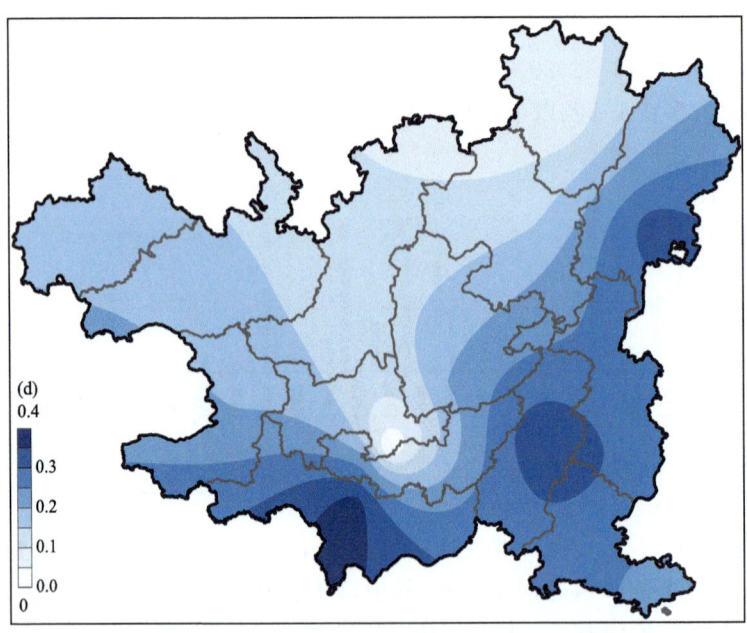

图 9.7　遵义市 1978—2020 年平均降雪日数空间分布

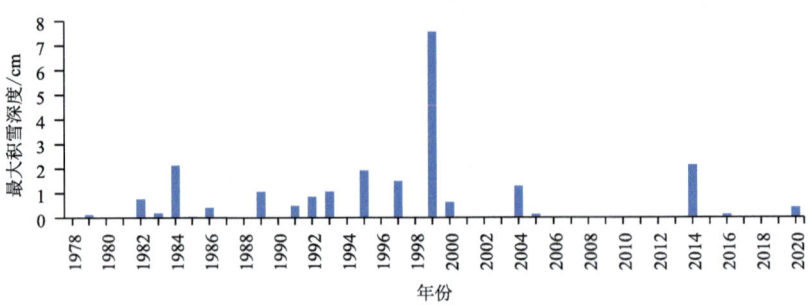

图 9.8　遵义市 1978—2020 年年最大积雪深度变化

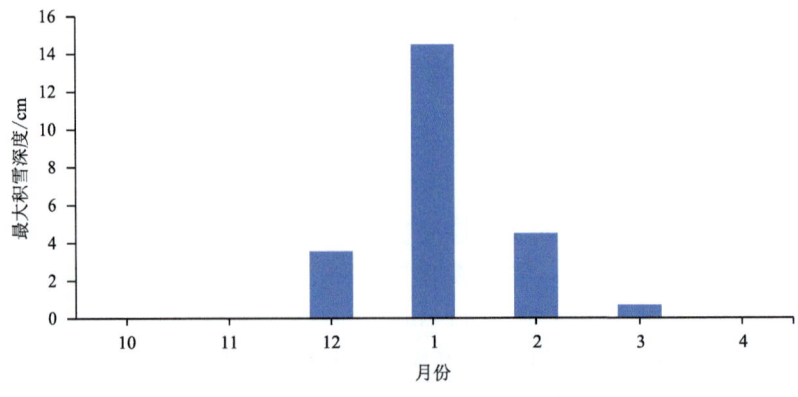

图 9.9　遵义市 1978—2020 年最大积雪深度逐月变化

与累积降雪量分布相对应,遵义市多年平均最大积雪深度分布大值区位于遵义市东南部,包括播州区南部、绥阳县东部、红花岗区东部、务川县东南部、湄潭县大部、凤冈县中南部以及余庆县中北部,积雪深度平均约在 4 cm 以上,而赤水市、习水县、桐梓县、汇川区中东部、正安县、道真县、绥阳县北部、务川县北部积雪深度相对较小(图 9.10)。

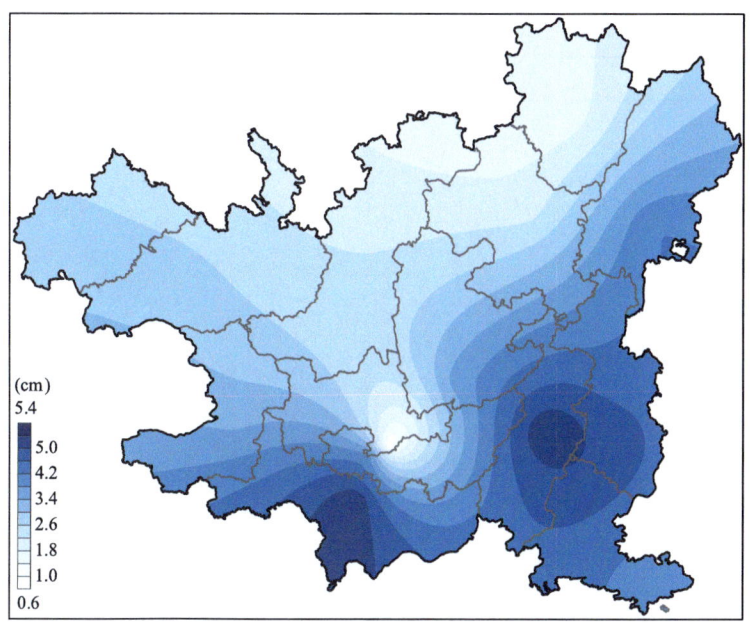

图 9.10　遵义市 1978—2020 年平均最大积雪深度空间分布

### 9.4.4　降雪初日与终日

以日降雪量≥10 mm 统计降雪过程,对遵义市降雪气候特征进行分析。表 9.2 为遵义市 1978—2020 年降雪初、终日时间分布。从表中可见,遵义市降雪发生在 11 月至次年 3 月,其中,初雪发生时间多在 1 月上旬和中旬,12 月下旬次之,另外,终雪发生时间也具有相同的特征。总体而言,遵义市降雪初、终日多集中在 12 月下旬至次年 1 月上、中旬。

表 9.2　遵义市 1978—2020 年各旬降雪初始日期和终止日期月际出现概率

| 月份 | 初雪日发生概率/% | | | 终雪日发生概率/% | | |
| --- | --- | --- | --- | --- | --- | --- |
| | 上旬 | 中旬 | 下旬 | 上旬 | 中旬 | 下旬 |
| 11 | 0.00 | 1.43 | 0.71 | 0.00 | 1.43 | 0.71 |
| 12 | 9.29 | 1.43 | 14.29 | 9.29 | 1.43 | 14.29 |
| 1 | 18.57 | 18.57 | 8.57 | 18.57 | 18.57 | 8.57 |
| 2 | 4.29 | 5.71 | 3.57 | 4.29 | 5.71 | 3.57 |
| 3 | 3.57 | 3.57 | 6.43 | 3.57 | 3.57 | 6.43 |

## 9.5　致灾危险性评估与区划

遵义市在贵州省雪灾致灾危险性分布中处于较低和低危险区域,从遵义市雪灾致灾危险性区划空间分布来看(图9.11),雪灾危险性等级呈南北向分布,自北到南风险逐步增加。高危险性区域位于遵义市南部地区,主要包括播州区、湄潭县、凤冈县以及余庆县;较高危险性区域位于中部偏南一带地区,以务川县局部、凤冈县局部、仁怀市局部为主;较低危险性区域主要包括习水县、仁怀市、红花岗区、绥阳县和务川、桐梓两县局部;低危险性区域位于中北部的汇川区、遵义市区、赤水市、桐梓县、正安县和道真县。

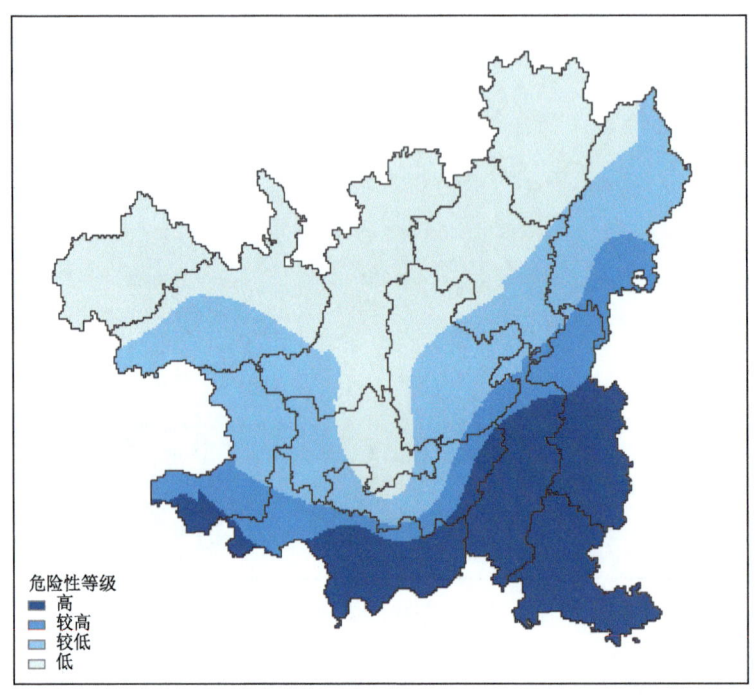

图 9.11　遵义市雪灾致灾危险性区划空间分布

## 9.6　风险评估与区划

### 9.6.1　GDP 风险评估

由于收集到的相关灾损不完整,仅结合 GDP 归一化值与雪灾危险性指数进行等权指数求积。遵义市雪灾 GDP 风险区划空间分布以仁怀市中部和播州区中北部局地为高风险等级区域,仁怀市大部、播州区、习水县、桐梓县、绥阳县、正安县、务川县、汇川区、红花岗区、湄潭县、凤冈县以及余庆县的局地为中—较高风险等级区域,其余为低—较低风险等级区域(图9.12)。

### 9.6.2　人口风险评估

由于收集到的相关灾损不完整,仅结合人口数量归一化值与雪灾危险性指数进行等权指数求积。遵义市雪灾人口风险区划空间分布较高—高风险等级区域主要在各县(市、区)的行政中心,包括习水县、桐梓县、绥阳县、正安县、道真县、务川县、仁怀市、红花岗区、播州区、湄潭县、凤冈县、余庆县,其余大部地区为低—中风险等级区域(图9.13)。

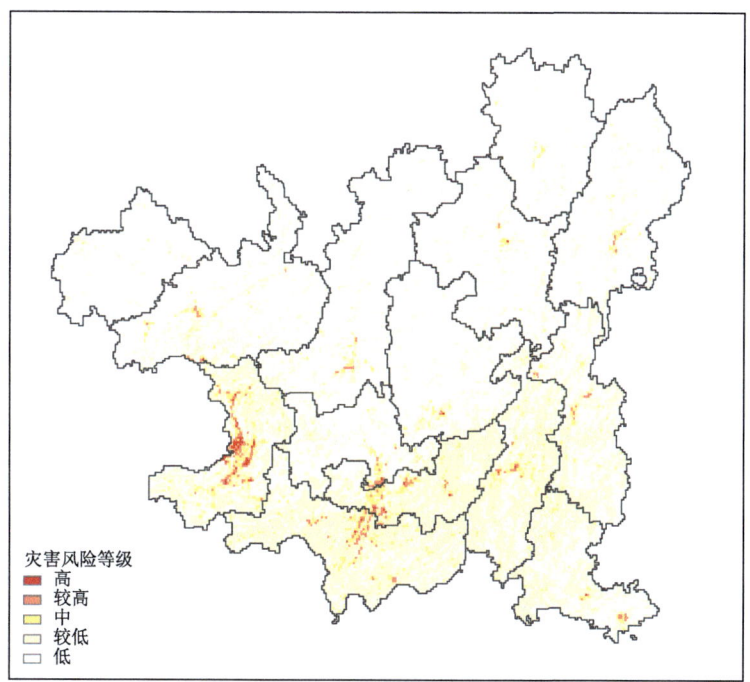

图 9.12 遵义市雪灾 GDP 风险区划空间分布

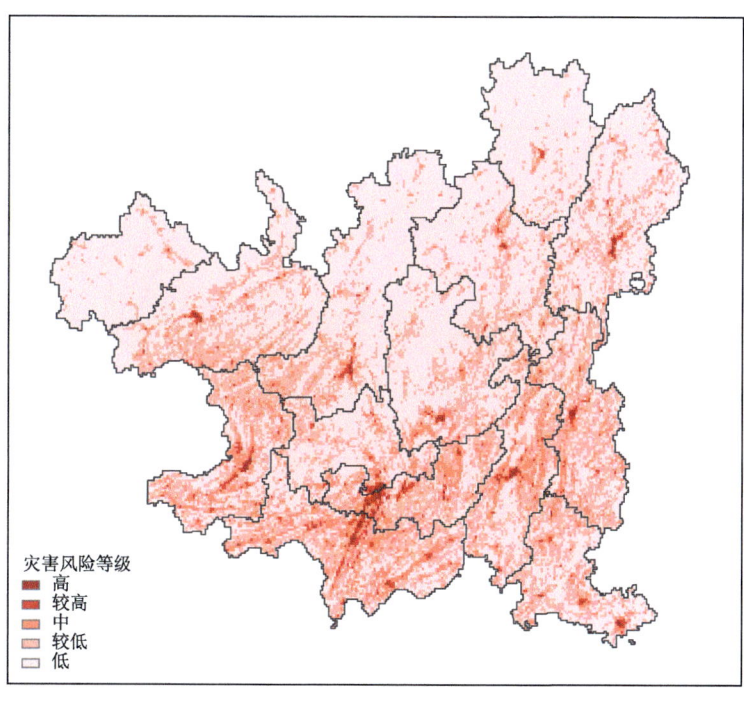

图 9.13 遵义市雪灾人口风险区划空间分布

### 9.6.3 小麦风险评估

由于玉米和水稻生长季节不在冬季,因此,雪灾影响主要体现在对小麦的危害。遵义市雪灾小麦风险等级较高—高区域主要在习水县和仁怀市,桐梓县和播州区的局地为低—较高等级风险区域,正安县、绥阳县、汇川区局地以及余庆县大部为低—中等级风险区域,而务川县、红花岗区、赤水市、道真县、湄潭县和凤冈县为低风险等级区域(图9.14)。

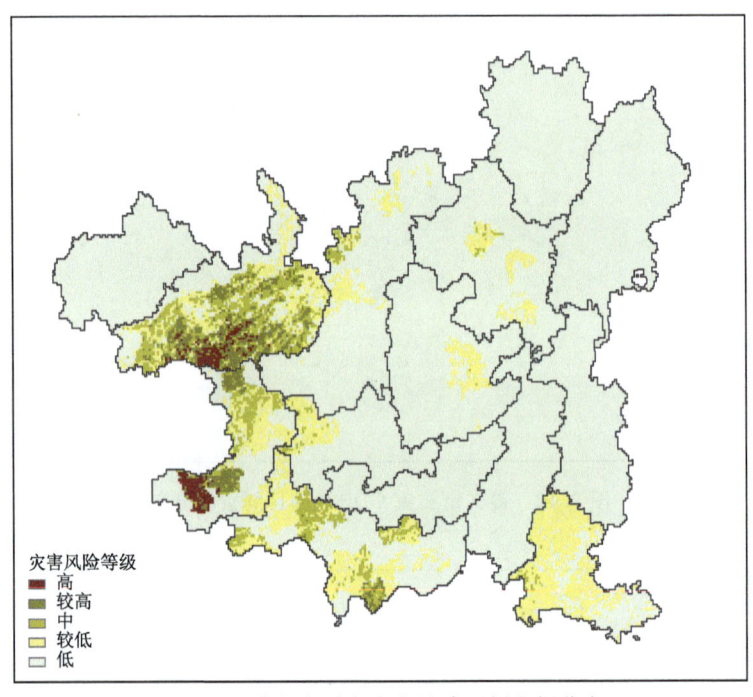

图 9.14  遵义市雪灾小麦风险区划空间分布

## 9.7 总结

1978—2020年,遵义市共发生日降雪量≥10 mm过程140次,其中,1月发生次数最多,为64次,其次为12月的35次;降雪初、终日多集中在12月下旬至次年1月上、中旬;遵义市年累积降雪量随时间有明显减弱趋势,线性趋势为-0.73 mm/10a,多年来降雪日数偏少,多在1 d以下,且有15 a无降雪出现,积雪深度较小,有24 a无积雪,最大积雪深度为1999年的7.57 cm;降雪量、降雪日数以及积雪深度空间分布大值区集中在东部和南部地区,北部地区相对较小。

遵义市在贵州雪灾危险性分布中处于较低和低危险性区域,危险性主要呈南北向分布,自北到南风险逐步增加,高危险性区域位于遵义市南部地区(播州区、湄潭县、凤冈县以及余庆县),低危险性区域位于中北部地区(汇川区、遵义市区、赤水市、桐梓县、正安县和道真县)。遵义市雪灾GDP风险大部分地区为低—较低风险等级,局地为中—较高风险等级;雪灾人口风险较高—高风险等级区域主要在各县(市、区)行政中心,其余为低—中风险等级;雪灾小麦风险大部分地区为低—较低风险等级,局地为低—中风险等级,较高—高风险等级区域主要在习水县和仁怀市。

# 第 10 章 综合评估与区划及对策建议

## 10.1 综合致灾危险性评估与区划

根据遵义市暴雨、干旱、高温、低温、大风、冰雹、雷电、雪灾 8 种气象灾害部分经济损失的占比,结合专家打分法,得到暴雨、干旱、高温、低温、大风、冰雹、雷电、雪灾 8 种气象灾害的权重值,进行加权求和后得到遵义市气象灾害综合致灾危险性指数,根据危险性指数大小,按照自然断点法,将致灾危险性划分为高(Ⅰ)、较高(Ⅱ)、较低(Ⅲ)、低(Ⅳ)4 个等级。

从遵义市气象灾害综合致灾危险性区划空间分布来看(图 10.1),危险性等级总体呈东北高、西南低的分布趋势,高危险性等级主要分布在东北部,低危险性等级主要分布在西部和南部,其余地区主要为较低—较高危险性等级。道真县、务川县中北部、正安县和桐梓县局地为高危险性等级,赤水市西部、桐梓县北部和东部、凤冈县北部、正安县大部、绥阳县东部为较高危险性等级,其余地区为低—较低危险性等级。

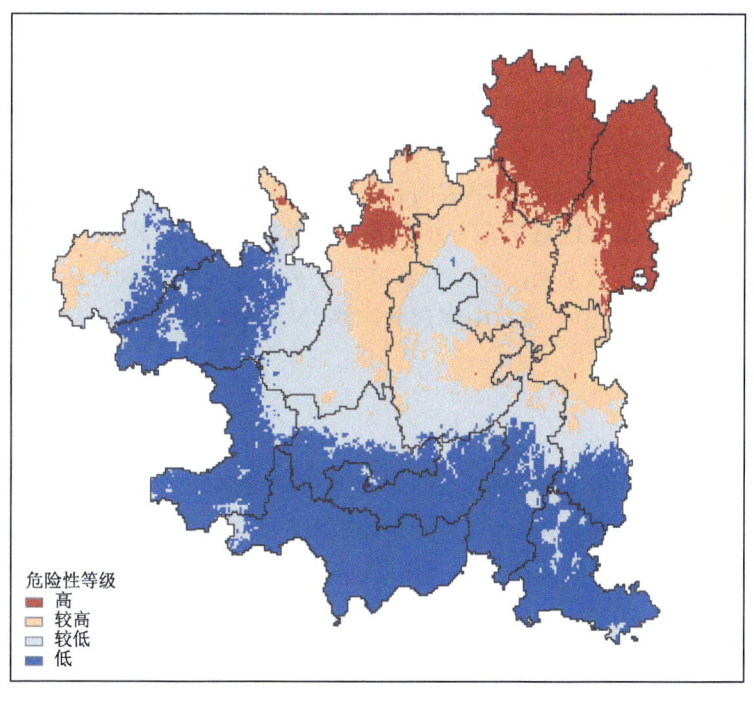

图 10.1 遵义市气象灾害综合致灾危险性区划空间分布

## 10.2　气象灾害风险评估与区划

遵义市气象灾害 GDP 风险区划结果表明,暴雨、干旱、高温、低温、大风和雪灾等灾害风险等级在各县(市、区)行政中心及部分乡镇政府所在地等区域为较高—高等级,其余大部分区域为低—中等级;冰雹灾害风险等级除中南部、西南部为较高—高等级外,其余区域为中—低等级居多,局地为较高—高等级;雷电灾害风险等级大部分区域为低—较低等级,局地为中—高等级。

遵义市气象灾害人口风险区划结果表明,暴雨、干旱、高温、低温、大风和雪灾等灾害风险等级在各县(市、区)行政中心等人口密集的局部区域为较高—高等级,其余大部分区域为低—中等级;冰雹灾害风险等级大部分区域为较低—中等级,局地为较高等级,高等级集中分布在中南部;雷电灾害较高—高风险等级集中分布在中南部和西北部,其余大部分区域为低—中等级。

遵义市气象灾害小麦风险区划结果表明,干旱灾害较高—高风险等级集中分布在西部,其余大部分区域为低—中等级;低温灾害较高—高风险等级集中分布在习水县和仁怀市,其余大部分区域为低—中等级;冰雹灾害较高—高风险等级集中分布在西部和南部,其余大部分区域为低—中等级;雪灾较高—高风险等级集中分布在西部和南部,其余大部分区域为低—中等级。

遵义市气象灾害玉米风险区划结果表明,暴雨、干旱灾害较高—高风险等级集中分布在中部局地、东南部和东北部,其余大部分区域为低—中等级;高温灾害高风险等级集中分布在中部局地、西部局地和东南部,其余大部分区域为低—较高等级;低温灾害较高—高风险等级集中分布在中部局地、东北部边缘和东南部,其余大部分区域为低—中等级;大风灾害高风险等级集中分布在中部、南部局地和东北部,其余大部分区域为低—中等级;冰雹灾害较高—高风险等级集中分布在中部和南部,其余大部分区域为低—中等级。

遵义市气象灾害水稻风险区划结果表明,暴雨灾害较高—高风险等级集中分布在中东部和北部边缘局地,其余大部分区域为低—中等级;干旱灾害较高—高风险等级集中分布在东部,其余大部分区域为低—中等级;高温、大风灾害较高—高风险等级呈插花式分布;低温、冰雹灾害较高—高风险等级集中分布在中南部和东南部,其余大部分区域为低—中等级。

## 10.3　对策建议

针对遵义市气象灾害综合风险评估与区划结果,提出的对策建议如下:

(1)遵义市各级党委政府及相关部门和应急抢险单位要关注气象部门发布的灾害性天气预报预警信息,提前安排部署防灾减灾救灾工作,及时启动相应的应急响应处置流程,减轻灾害可能造成的损失。

(2)加强全市中高风险地区的减灾防灾资金投入、物资储备及其他资源配置,强化政府主导、部门联动、社会参与的综合防灾减灾能力建设,提高全市防灾减灾应对处置能力。

(3)加强综合防灾减灾宣传培训力度,鼓励和组织人民群众积极参与防灾减灾应急演练活动,积极参与防灾减灾教育活动,多渠道向社会公众提供防灾减灾科普知识和发布灾害性天气预警信息,增强公众主动防灾减灾和自救互救意识。

(4)加强应急指挥调度平台和系统建设,利用先进技术和设备跟踪监视灾害的发生发展和演变趋势,及时收集、整理和共享来自相关涉灾部门的信息,通过研判对可能发生的灾害进行防范,当出现灾情时,第一时间组织开展抢险救灾应急处置,以减轻损失。

(5)针对暴雨灾害,提前采取措施对地下商城、车库、通道等地下设施场所、低洼地段、室外供电设施进行管控,加强对地质灾害隐患点、河道、低洼地带、公路边坡、水库、农田等的巡查,遇有险情发生及时处置。

(6)针对干旱灾害,根据旱情发展情况,组织做好水资源调度,保障城乡居民生活用水和牲畜饮水;旱情加重时,合理调度城镇居民生活用水,阶段性暂停农田灌溉供水;出现严重以上旱情时,严禁非生产性高耗水行业和服务业用水,倡导节约用水,及时组织抗旱和开展人工增雨作业。

(7)针对高温灾害,提醒老、弱、病、幼、孕等人群采取相应保护措施,做好森林、草原和城乡防火工作,相关单位按照职责采取防暑降温应急措施,开放避暑场所。

(8)针对低温灾害,相关部门要加强交通管控和疏导,必要时临时关闭结冰道路的通行;加强输电供水管网、通信设施、城市交通的巡查,采取防滑防冻措施;做好农牧业防寒防冻和用火用电安全工作,防范非职业一氧化碳中毒事件发生。

(9)针对大风灾害,相关单位和企业停止户外高空作业,加固户外设施、设备,切断危险电源;公众避免在玻璃门窗、危棚简屋、临时工棚附近以及广告牌、脚手架、塔吊等处逗留;机场、铁路、高速公路、水上交通等管理部门要采取安全保障措施,及时组织水上作业和过往船舶回港避风。

(10)针对冰雹灾害,要妥善安置易受冰雹影响的室外物品、车辆、家禽、牲畜等到安全场所。各地根据冰雹灾害风险评估与区划结果,结合属地农业产业结构调整和经济发展需求,优化作业站点布局,组织做好人工防雹作业,减轻冰雹灾害影响。

(11)针对雷电灾害,防雷安全重点单位应健全防雷安全生产责任制,切实履行防雷安全的企业主体责任,加强雷电灾害防范物防、技防、人防能力建设,完善雷电灾害监测预警和防御设施系统建设。根据国家、行业、地方相关技术规范、技术标准进行防雷装置设计、安装,可有效预防雷电危害,重点包括:防直击雷措施(如避雷针、带、网,引下线、接地等)、防感应雷措施(如电气设备、生产设备接地、屏蔽及等电位连接等)、防雷电波侵入措施(如电源线路、信息线路安装电涌保护器等)。对难以采取工程性措施的人员密集场所(如户外娱乐场所、旅游景区、广场、体育场、学校等人员密集场所),应当采取非工程性措施,如:建立雷电安全管理制度,制定雷电灾害应急预案,对人员密集的空旷区域采取防雷应急避险措施。开展雷电防御知识科普宣传、培训。做好防雷装置日常检查、维护,按规定开展雷电防护装置定期检测,对防雷安全隐患及时整改。

(12)针对雪灾,加强交通监管,采取防滑措施,适时关闭积雪结冰路段;备足农牧养殖业饲料,加固棚架和畜禽舍,开展道路、铁路、机场、线路巡查维护,及时组织积雪清扫确保安全,必要时暂停航班起降和列车运行。

# 附录 A 技术方法

## A.1 归一化处理

归一化是将有量纲的数值经过变换,化为无量纲的数值,进而消除各指标的量纲差异。常见的两种归一化计算见公式(A.1)和公式(A.2)。

$$x' = \frac{x - x_{\min}}{x_{\max} - x_{\min}} \tag{A.1}$$

$$x' = 0.5 + 0.5 \times \frac{x - x_{\min}}{x_{\max} - x_{\min}} \tag{A.2}$$

式中,$x'$为归一化后的数据;$x$为样本数据;$x_{\min}$为样本数据中的最小值;$x_{\max}$为样本数据中的最大值。

## A.2 Pearson 相关系数

皮尔逊(Pearson)相关系数是描述两个随机变量线性相关的统计量,一般简称为相关系数或点相关系数,用$r$来表示。它也可作为两总体相关系数$\rho$的估计。

设有两个变量$x_1, x_2, \cdots, x_n$和$y_1, y_2, \cdots, y_n$,相关系数计算见公式(A.3)。

$$r = \frac{\sum_{i=1}^{n}(x_i - \overline{x})(y_i - \overline{y})}{\sqrt{\sum_{i=1}^{n}(x_i - \overline{x})^2}\sqrt{\sum_{i=1}^{n}(y_i - \overline{y})^2}} \tag{A.3}$$

式中,$x_i$为变量$x$的第$i$个值;$y_i$为变量$y$的第$i$个值;$\overline{x}$为变量$x$的样本均值;$\overline{y}$为变量$y$的样本均值;$n$为样本容量。

在给定显著性水平下,对计算出的相关系数根据相关系数检验表进行显著性检验。

## A.3 信息熵赋权法

信息熵表示系统的有序程度。在多指标综合评估中,信息熵赋权法可以客观地反映各评估指标的权重。一个系统的有序程度越高,则熵值越大,权重越小;反之,一个系统的无序程度越高,则熵值越小,权重越大。即对于一个评估指标,指标值之间的差距越大,则该指标在综合评价中所起的作用越大;如果某项指标的指标值全部相等,则该指标在综合评估中不起作用。

设评估体系是由$m$个指标$n$个对象构成的系统,首先计算第$i$项指标下第$j$个对象的指标值（$r_{ij}$）所占指标比重（$P_{ij}$）。

$$P_{ij} = \frac{r_{ij}}{\sum_{j=1}^{n} r_{ij}} \quad (i=1,2,\cdots,m; j=1,2,\cdots,n) \tag{A.4}$$

由信息熵赋权法计算第 $i$ 个指标的熵值（$S_i$）。

$$S_i = -\frac{1}{\ln n}\sum_{j=1}^{n} P_{ij}\ln P_{ij} \quad (i=1,2,\cdots,m; j=1,2,\cdots,n) \tag{A.5}$$

$$\omega_i = \frac{1-S_i}{\sum_{i=1}^{m}(1-S_i)} \quad (i=1,2,\cdots,m) \tag{A.6}$$

计算第 $i$ 个指标的熵权,确定该指标的客观权重（$\omega_i$）。

## A.4 百分位数法

百分位数法又称为百分位数,是数据统计中一种常用的方法。具体定义为把一组统计数据按其数值从小到大顺序排列,并按数据个数 100 等分。在第 $\rho$ 个分界点（称为百分位点）上的数值,称为第 $\rho$ 个百分位数（$\rho=1,2,\cdots,99$）。在第 $\rho$ 个分界点到第 $\rho+1$ 个分界点之间的数据,称为处于第 $\rho$ 个百分位数。百分位数计算见公式(A.7)和公式(A.8)。

$$P_m = L + \frac{N \times m/100 - F_h}{f} \times i \tag{A.7}$$

$$P_m = U + \frac{(1-m/100)\times N - F_n}{f} \times i \tag{A.8}$$

式中,$P_m$ 为第 $m$ 个百分位数;$N$ 为总频次;$L$ 为 $P_m$ 所在组的下限;$U$ 为 $P_m$ 所在组的上限;$f$ 为 $P_m$ 所在组的次数;$F_h$ 为小于 $L$ 的累积次数;$F_n$ 为大于 $U$ 的累积次数;$i$ 为组距。

## A.5 自然断点法

自然断点法(Jenks Natural Breaks Method)是一种地图分级算法。该算法认为数据本身有断点,可利用数据这一特点进行分级。算法原理是一个小聚类,聚类结束条件是组间方差最大、组内方差最小。计算方法见公式(A.9)。

$$\text{SSD}_{i\text{-}j} = \sum_{k=1}^{j} A[k]^2 - \frac{\left(\sum_{k=1}^{j} A[k]\right)^2}{j-i+1} \quad (1 \leqslant i < j \leqslant N) \tag{A.9}$$

式中,SSD 为方差;$i$、$j$ 为第 $i$、$j$ 个元素;$A$ 为长度为 $N$ 的数组;$k$ 为 $i$、$j$ 中间的数,表示 $A$ 组中的第 $k$ 个元素。

## A.6 层次分析法

层次分析法(Analytic Hierarchy Process,AHP)是用来确定各评估因子的权重的方法,是将定量分析与定性分析结合起来,用决策者的经验判断各衡量目标之间能否实现的标准之间的相对重要程度,并合理地给出每个决策方案的每个标准的权数。

运用层次分析法解决问题的基本步骤如下:

(1)建立层次结构模型。

(2)构造判断(成对比较)矩阵。

通过各因素之间的两两比较确定合适的标度。在建立层次结构之后,需要比较因子及下属指标的各个比重,为实现定性向定量转化需要有定量的标度,此过程需要结合专家打分最终得到判断矩阵表格。

设置要比较 $n$ 个因素 $y = (y_1, y_2, \cdots, y_n)$ 对目标 $z$ 的影响,从而确定它们在 $z$ 中所占的比重,每次取两个因素 $y_i$ 和 $y_j$ 用 $a_{ij}$ 表示 $y_i$ 与 $y_j$ 对 $z$ 的影响程度之比,按 $1\sim9$ 的比例标度(表A.1)来度量 $a_{ij}$,$n$ 个被比较的元素构成一个两两比较(成对比较)的判断矩阵 $\mathbf{A} = (a_{ij})_{n \times n}$。显然,判断矩阵具有性质。

$$\mathbf{A} = \begin{pmatrix} a_{11} & a_{12} & \cdots & a_{1n} \\ a_{21} & a_{22} & \cdots & a_{2n} \\ \vdots & \vdots & & \vdots \\ a_{n1} & a_{n2} & \cdots & a_{nn} \end{pmatrix} (a_{ij} > 0, a_{ji} = \frac{1}{a_{ij}}, a_{ii} = 1(i, j = 1, 2, \cdots, n)) \quad (A.10)$$

表 A.1 比例标度表

| 标度 | 定义(比较因素 $i$ 与 $j$) |
| --- | --- |
| 1 | 因素 $i$ 与 $j$ 同样重要 |
| 3 | 因素 $i$ 与 $j$ 稍微重要 |
| 5 | 因素 $i$ 与 $j$ 较强重要 |
| 7 | 因素 $i$ 与 $j$ 强烈重要 |
| 9 | 因素 $i$ 与 $j$ 绝对重要 |
| 2、4、6、8 | 两个相邻判断因素的中间值 |
| 倒数 | 因素 $i$ 与 $j$ 比较得到判断矩阵 $a_{ij}$,则因素 $j$ 与 $i$ 相比的判断矩阵为 $a_{ji} = 1/a_{ij}$ |

(3)计算权重向量并做一致性检验。

判断矩阵 $\mathbf{A}$ 对应于最大特征值的特征向量 $\mathbf{W}$,经归一化后便得到同一层次相应因素对于上一层次某因素相对重要性的权值。计算判断矩阵最大特征根和对应特征向量,并不需要追求较高的精确度,这是因为判断矩阵本身有相当的误差范围。而且优先排序的数值也是定性概念的表达,故从应用性来考虑也希望使用较为简单的近似算法。

完成单准则下权重向量的计算后,必须进行一致性检验。定义一致性指标为:

$$CI = \frac{\lambda_{\max}}{n-1} \quad (A.11)$$

式中,CI=0,有完全的一致性;CI 接近于 0,有满意的一致性;CI 越大,不一致越严重。

(4)层次总排序及其一致性检验。

计算某一层次所有因素对于最高层相对重要性的权值,称为层次总排序。这一过程是从最高层次到最低层次依次进行的。

## A.7　投影寻踪模糊聚类

投影寻踪旨在挖掘数据的聚类结构,其原理作为直接由样本数据驱动进行数据挖掘分析,基于探索性和确定性分析的聚类与分类方法,将高(多)维数据通过投影到低维子空间,在一定程度解决多指标分类等非线性问题,减少人为的主观性操控,其方法如下:

(1)指标处理;消除量纲间的差异、统一变化范围。

(2)线性投影;随机抽取若干个初始投影方向 $a(a_1,a_2,\cdots,a_m)$ 进行计算,根据指标选大的原则,确定最大指标对应的解为最优投影方向,投影特征值 $Z_i$ 的表达为:

$$Z_i = \sum_{j=1}^{m} a_j x_{ij} \tag{A.12}$$

(3)优化投影目标函数;投影值 $Z_i$ 的分布特征应满足:整体上投影点团之间尽可能散开;局部投影点尽可能凝聚成单个的点团;故将目标函数 $T(a)$ 定义为类间距离 $L(a)$ 与类内密度 $d(a)$ 的乘积,即 $T(a) = L(a) \cdot d(a)$。

$$L(a) = \left[ \sum_{j=1}^{n} \frac{(Z_j - \overline{Z}_a)^2}{n} \right]^{\frac{1}{2}} \tag{A.13}$$

式中,$\overline{Z}_a$ 为序列 $\{Z(i) | i = 1,2,\cdots,n\}$ 的均值,$L(a)$ 愈大,分布愈开。设投影特征值间的距离 $r_{ij} = |Z_i - Z_j|(i,j = 1,2,\cdots,n)$,则

$$d(a) = \sum_{i=1}^{n} \sum_{k=1}^{n} (R - r_{ik}) f(R - r_{ik}) \tag{A.14}$$

式中,$f(R - r_{ik})$ 为一阶单位阶跃函数,$R - r_{ik} \geqslant 0$ 时,其值为 1;$R - r_{ik} < 0$,其值为 0。

$$f(R - r_{ik}) = \begin{cases} 1 & R \geqslant r_{ik} \\ 0 & R < r_{ik} \end{cases} \tag{A.15}$$

式中,$R$ 为估计局部散点密度的窗宽参数,按宽度内至少包括一个散点的原则选定,其取值与样本数据结构有关,可基本确定它的合理取值范围为 $r_{\max} < R \leqslant 2m$,其中,$r_{\max} = \max(r_{ik})(i, k = 1,2,\cdots,n)$。类内密度 $d(a)$ 愈大,分类愈显著。

当 $T(a)$ 取得最大值时,对应的投影方向即为寻找的最优投影方向。因而寻找最优投影方向的问题可转化为下列优化问题。

$$\begin{cases} \max T(a) = L(a) \cdot d(a) \\ \|a\| = \sum_{j=1}^{m} a_j^2 = 1 \end{cases} \tag{A.16}$$

(4)将最优投影方向代入对应的指标权重。

## A.8　插值方法

### A.8.1　Kriging 插值法

Kriging(克里金法)就是根据一个区域内外若干信息样品的某些特征数据值,对该区域做出一种线性无偏和最小估计方差的估计方法。从数学角度来说,是一种求最优线性无偏内插

估计量的方法。克里金法的适用范围为区域化变量存在空间相关性,即如果变异函数和结构分析的结果表明区域化变量存在空间相关性,则可以利用克里金法进行内插或外推。其实质是利用区域化变量的原始数据和变异函数的结构特点,对未知样点进行线性无偏、最优估计。克里金法是通过对已知样本点赋权重来求得未知样点的值,表示为:

$$Z(x_0) = \sum_{i=0}^{n} w_i Z(x_i) \tag{A.17}$$

式中,$Z(x_0)$ 为未知样点的值;$\sum_{i=0}^{n} w_i Z(x_i)$ 为未知样点周围的已知样本点的值;$w_i$ 为第 $i$ 个已知样本点对未知样点的权重;$n$ 为已知样本点的个数。与传统插值法最大的不同是,在赋权重时,克里金法不仅考虑距离,而且通过变异函数和结构分析,考虑了已知样本点的空间分布及与未知样点的空间方位关系。

### A.8.2 IDW 插值法

IDW(Inverse Distance Weighted)是一种常用而简便的空间插值方法,它以插值点与样本点间的距离为权重进行加权平均,离插值点越近的样本点赋予的权重越大。设平面上分布一系列离散点,已知其坐标和值为 $X_i$, $Y_i$, $Z_i(i=1,2,\cdots,n)$,通过距离加权值求 $z$ 点值。IDW 通过对邻近区域的每个采样点值平均运算获得内插单元。这一方法要求离散点均匀分布,并且密度程度足以满足在分析中反映局部表面变化。

### A.8.3 LPI 插值法

局部多项式(LPI)插值方法是拟合处于指定重叠邻域内的指定阶(零阶、一阶、二阶、三阶等)多项式以生成输出表面,可以通过使用大小和形状、邻域数量和部分配置,可以对搜索邻域进行定义,或者可以使用探索性趋势面分析滑块同步更改带宽、空间条件数和搜索邻域值。